中国海南菜烹饪技艺传承与创新新形态一体化系列教材

"海南省中高职（衔接）海南菜地方特色专业课程标准与教材开发"成果系列教材

总主编　杨铭铎

海南
基础面点制作

HAINAN JICHU MIANDIAN ZHIZUO

主　编　郑　璋　潘雪梅　程关涛

副主编　黄　蕊　苏　鹏　韩　婷　林吕妹

参　编（按姓氏笔画排序）

苏　鹏　李　珊　吴钟松　邱引姑

林吕妹　郑　璋　姜　黎　黄　蕊

韩　婷　程关涛　童振娟　谭竹峰

潘雪梅

华中科技大学出版社
http://press.hust.edu.cn
中国·武汉

内 容 简 介

　　本书是中国海南菜烹饪技艺传承与创新新形态一体化系列教材、"海南省中高职(衔接)海南菜地方特色专业课程标准与教材开发"成果系列教材。

　　本书共设置六个项目,分别是水调面团类制品、发酵面团类制品、酥点类制品、物理膨松类制品、化学膨松类制品和其他类制品。六个项目下设三十六个学习任务,每个学习任务之后还设置了相应的练习与思考题。

　　本书可用于烹饪类、旅游类、餐饮类等相关专业的教学,也可作为餐饮文化爱好者的参考用书。

图书在版编目(CIP)数据

海南基础面点制作/郑璋,潘雪梅,程关涛主编.—武汉:华中科技大学出版社,2024.3
ISBN 978-7-5680-9791-8

Ⅰ.①海… Ⅱ.①郑… ②潘… ③程… Ⅲ.①面食-制作-海南 Ⅳ.①TS972.132

中国国家版本馆 CIP 数据核字(2024)第 061284 号

海南基础面点制作　　　　　　　　　　　　　　郑　璋　潘雪梅　程关涛　主编
Hainan Jichu Miandian Zhizuo

策划编辑:汪飒婷
责任编辑:余　雯
封面设计:原色设计
责任校对:朱　霞
责任监印:周治超
出版发行:华中科技大学出版社(中国·武汉)　　　电话:(027)81321913
　　　　　武汉市东湖新技术开发区华工科技园　　　邮编:430223
录　　排:华中科技大学惠友文印中心
印　　刷:武汉科源印刷设计有限公司
开　　本:889mm×1194mm　1/16
印　　张:12
字　　数:292千字
版　　次:2024 年 3 月第 1 版第 1 次印刷
定　　价:49.80 元

中国海南菜烹饪技艺传承与创新新形态一体化系列教材

"海南省中高职（衔接）海南菜地方特色专业课程标准与教材开发"

成果系列教材

编委会

主　任

崔昌华　海南经贸职业技术学院院长

卢桂英　海南省教育研究培训院副院长

陈建胜　海南省烹饪协会会长

黄闻健　海南省琼菜研究中心理事长

副主任（按姓氏笔画排序）

孙孝贵　海南省农业学校党委书记

杨铭铎　海南省烹饪协会首席专家

陈春福　海南省旅游学校校长

袁育忠　海南省商业学校党委书记

曹仲平　海南省烹饪协会执行会长

符史钦　海南省烹饪协会名誉会长、海南龙泉集团有限公司董事长

符家豪　海南省农林科技学校党委书记

委　员（按姓氏笔画排序）

丁来科　海南大院酒店管理有限公司总经理

王　冠	海南昌隆餐饮酒店管理有限公司董事长
王位财	海口龙华石山乳羊第一家总经理
王树群	海口美兰琼菜记忆饭店董事长
韦　琳	海南省烹饪协会副会长
云　奋	海南琼菜老味餐饮有限公司总经理
卢章俊	海南龙泉集团龙泉酒店白龙店总经理
叶河清	三亚益龙餐饮文化管理有限公司董事长
邢　涛	海南省烹饪协会副会长
汤光伟	海南省教育研究培训院职教部教研员
李学深	海南省烹饪协会常务副会长
李海生	海南琼州往事里贸易有限公司总经理
何子桂	元老级注册中国烹饪大师、何师门师父
张光平	海南省烹饪协会副会长
陈中琳	资深级注册中国烹饪大师、陈师门师父
陈诗汉	海南琼菜王酒店管理有限公司总监
林　健	海南龙泉集团有限公司监事长
郑　璋	海口旅游职业学校餐饮管理系主任
郑海涛	海南省培训教育研究院职教部主任
赵玉明	海口椰语堂饮食文化有限公司董事长
唐亚六	海南省烹饪协会副会长
龚季弘	海南拾味馆餐饮连锁管理有限公司总经理
符志仁	海口富椰香饼屋食品有限公司总经理
彭华洪	海南良昌饮食连锁管理有限公司董事长

党的二十大报告指出,"统筹职业教育、高等教育、继续教育协同创新,推进职普融通、产教融合、科教融汇,优化职业教育类型定位"。2019 年,国务院印发《国家职业教育改革实施方案》,指出职业教育与普通教育具有同等重要地位。教师、教材、教法("三教")贯彻人才培养全过程,与职业教育"谁来教、教什么、如何教"直接相关。2021 年,中共中央办公厅、国务院办公厅印发的《关于推动现代职业教育高质量发展的意见》中明确提出了"引导地方、行业和学校按规定建设地方特色教材、行业适用教材、校本专业教材"。

海南菜(琼菜),起源于元末明初,至今已有六百多年的历史,是特色鲜明、风味百变且极具地域特色的菜系。传承海南菜技艺,弘扬海南饮食文化,对于推动海南餐饮产业创新,满足海南人民对美好生活的向往,乃至推动全省经济和社会发展都具有非常重要的作用。

海南菜的发展离不开餐饮专业人才,而餐饮职业教育承载着餐饮专业人才培养的重任。海南省餐饮中等职业教育现有在校学生 2 万余人,居海南省中等职业学校各专业学生人数之首,餐饮高等职业教育在校学生约 2000 人,具备了一定的规模。然而,目前中高等职业学校烹饪专业选用的教材多为国家规划教材,一方面,这些教材内容缺乏海南菜的地方特色,从而导致学生服务海南自由贸易港建设的能力不足;另一方面,这些中、高等职业教育教材在知识点、技能点上缺乏区分度,不利于学生就业时分层次适应工作岗位。

为贯彻、落实上述文件精神,振兴海南菜,提升烹饪人才的培养质量,海南省教育厅正式准予立项"海南省中高职(衔接)海南菜地方特色专业课程标准与教材开发"项目。遵照海南省教育厅职业教育与成人教育处领导在中国海南菜教材编写启动仪式上的指示,在多方论证的基础上,本系列教材的编写工作正式启动。本系列教材由海南省餐饮职业教育领域对本专业有较深研究,熟悉行业发展与企业用人要求,有丰富的教学、科研或工作经验的领导、老师和行业专家、烹饪大师合力编著。

本系列教材有以下特色。

1. 权威指导,多元开发　本系列教材在全国餐饮职业教育教学指导委员会专家的指导和支持下,由省级以上示范性(骨干、高水平)或重点职业院校、在国家级技能大赛中成绩突出、承担国家重点建设项目或在省级以上精品课程建设中经验丰富的教学团队和能工巧匠引领,在行企业、教科研机构共同参与下,紧密联系教学标准、职业标准及对职业技能的要求,体现出了教材的先进性。

2. 紧跟教改,思政融合 "三教"改革中教材是基础,本系列教材在内容上打破学科体系、知识本位的束缚,以工作过程为导向,以真实生产项目、典型工作任务、案例等为载体组织教学单元,注重吸收行业新技术、新工艺、新规范,突出应用性与实践性,同时加强思政元素的挖掘,有机融入思政教育内容,对学生进行价值引导与精神滋养,充分体现党和国家意志,坚定文化自信。以习近平新时代中国特色社会主义思想为指导,既传承海南菜的特色经典,保持课程内容相对稳定,同时与时俱进,体现新知识、新思想、新观念,本系列教材增强育人功能,是培根铸魂、启智增慧、适应海南自由贸易港建设要求的精品教材。

3. 理念创新,纸数一体 建立"互联网+"思维的编写理念,构建灵活、多元的新形态一体化教材。依托相关数字化教学资源平台,融合纸质教材和数字教学资源,以扫描二维码的形式帮助老师及学生共享优质配套教学资源。老师可以在平台上设置习题、测试,上传电子课件、习题解答、教学视频等,做到"扫码看课,码上开课",扫一扫即可获得相关技能点的详尽视频解析,可以更有效地激发学生学习的热情和兴趣。

4. 形式创新,丰富多样 根据餐饮职业院校学生特点,创新教材形态,针对部分行业体系课程,汇集行企业大师、一线骨干教师,依据典型的职业工作任务,设计开发科学严谨、深入浅出、图文表并茂、生动活泼且多维、立体的新型活页式、工作手册式融媒体教材,以满足日新月异的教与学的需求。

5. 校企共编,产教融合 本系列的每本教材实行主编负责制,由各院校优秀教师或经验丰富的领导和行业烹饪大师共同担任主编,教师主要负责文字编写,烹饪大师负责菜点指导或制作。以职业教育人才成长的规律为出发点,体现人才培养改革方向,将知识、能力和正确的价值观与对人才的培养有机结合,适应专业建设、课程建设、教学模式与方法改革创新方面的需要,满足不同学习方式要求,有效激发学生学习的兴趣和创新的潜能。

杨柳

中国烹饪协会会长

随着海南自贸港建设不断深入,"三区一中心"的格局逐渐形成,海南酒店餐饮业必将成为重要的基础产业,迎来质的飞跃。如何做强和做大海南酒店餐饮业,这是每一位餐饮从业人员需要思考的问题。面点作为海南本土菜肴中不可或缺的组成部分,在将海南菜推向全国的过程中担负着重要的使命。如何更好地传承和弘扬海南面点技艺,培养新时代背景下的餐饮从业人员,这对从事烹饪专业职业教育的我们在专业知识、职业技能和综合素质等方面提出了更高的要求。

本教材根据编者在实际工作中的经验,充分考虑到中等职业教育应该更好地适应经济结构调整、科技进步和劳动力市场的变化,服务本土企业,加快技能人才培养的特点,本着系统性、科学性、先进性和实用性的原则编写而成。

本教材根据面点制作工艺不同,从水调面团类制品、发酵面团类制品、酥点类制品、物理膨松类制品、化学膨松类制品、其他类制品 6 个项目及 36 个代表海南特色面点的学习任务进行编写。在编写过程中,编者始终坚持以下原则:第一,坚持技能人才的培养,强调教材的实用性;第二,突出教材的时代感,力求引进新的教学思想,反映行业的发展趋势;第三,打破传统教材的编写模式,采用图文并茂的方式,使教材易教易学。

本教材编者除双师型教师外,还引入了海南多家长期合作的高星级酒店厨房管理者和资深面点厨师。本教材在校企深度合作的基础上引用企业相关岗位标准和案例,紧跟行业发展趋势和行业人才需求,及时将行业发展中的新技术、新工艺纳入教学内容。本教材可作为烹饪专业职业教育教学的基础教学参考书,为学生自主学习提供系统的、专业的面点基础理论知识与技能,结合面点技术发展的实际,对提高烹饪专业职业教育教学质量以及烹饪专业人才培养质量将产生积极的影响。

本教材由编写团队协作完成。具体分工如下:郑璋、潘雪梅、程关涛担任主编,负责全书的统稿、审核;黄蕊、苏鹏、韩婷、林吕妹担任副主编,负责全书的资料收集、整理;童振娟、李珊负责全书的文字编写;谭竹峰、吴钟松、邱引姑负责全书的相关操作示范;姜黎负责全书的视频与图片拍摄。

本教材的编写得到了杨铭铎教授的大力支持和科学指导,华中科技大学出版社汪飒婷等编辑从开始策划到教材落地的精心安排、跟踪指导、热情服务。另外,各参编学校领导、教师以及合作企业也给予了鼎力支持,在此一并表示衷心感谢。

由于编者水平有限,不妥和错误之处在所难免,恳请广大读者提出宝贵意见。

编 者

目　录
CONTENTS

Note

项目一
水调面团类制品

【项目目标】

1. 知识目标

（1）能准确表述水调面团类面点的选料方法。

（2）能正确讲述与水调面团类面点相关的饮食文化。

（3）能介绍水调面团类面点的成品特征及应用范围。

2. 技能目标

（1）掌握水调面团类面点的选料方法、选料要求。

（2）能对水调面团类面点的原料进行正确搭配。

（3）能采用正确的操作方法，按照制作流程独立完成水调面团类面点的制作任务。

（4）能运用合适的调制方式完成水调面团调制并制作相关制品。

3. 思政目标

（1）帮助学生养成良好的职业意识，打造优秀的行业从业人员，服务于自贸港建设。

（2）在水调面团类制品的制作过程中，体验劳动、热爱劳动，培养学生正确的人生观、价值观。

（3）在对水调面团类面点制作的实践中感悟海南特色乡土文化，培养学生文化自信。

（4）在水调面团类面点制作中互相配合、团结协作，体验真实的工作过程。

任务一

糖水面

教学资源包

 明确实训任务

制作糖水面。

 实训任务导入

海南糖水面的由来

海南地道美食，又咸又甜的糖水面，是海南人对于孩童时代最美好的记忆。糖水面可以说是海南人从小到大下午茶必吃单品。在 20 世纪，海南人经常吃的"甜品"就是糖水面。家里做的糖水面是凭粮票在粮店里买来的"面饼"（或面条）加红糖和姜片煮熟而成。在喜庆的节日里，妈妈会给孩子的糖水面里加上一个鸡蛋。

在人流如织、充满时代感的海南老街一直都有糖水面摊，面摊上的糖水面和家里做的不同，面用的是加入了碱水的手工鲜面，"咸甜"搭配有种无法言语的味道，却又十分开胃，全无单一甜味的那种甜腻。姜则是这道美食的灵魂所在，街边摊往往很大方，将姜整块整块地拍扁，放入锅中，远远便闻到浓郁的姜糖味，让人垂涎欲滴。嘴馋的孩子有幸盛到一碗有大姜块的面，都很兴奋，不怕辣的捞出来嚼一嚼才吸吸气吐掉渣。街边摊还有一种"豪华版"糖水面，里面加入了鸡蛋和"嗝佬粿"（汤圆），加入荷包蛋的糖水面，姜糖水清澈透亮，十分诱人，咬开弹牙的汤圆，流出的是浓浓的芝麻浆，唇齿留香。

 实训任务目标

（1）学习并掌握水调冷水面团的调制方法和要求。

（2）了解海南糖水面的品质特点及制品的应用范围。

（3）能根据制品特点及操作方法合理选用原材料。

（4）能根据教师示范，按照操作流程独立完成制品的制作任务。

（5）培养学生讲究卫生的良好职业习惯。

 知识技能准备

一、水调面团

水调面团是指用各种粮食粉料（通常使用面粉、米粉和杂粮粉）加水后调制，使粉料颗粒与水相粘连，经反复揉搓，形成的面团，也称为"死面""呆面"。个别制品也会加入少量的鸡蛋、食盐、碱或白糖等，但比例都较小，不会改变面团的性质，一般均称其为水调面团。

根据调制面团的水温不同，水调面团分为冷水面团、温水面团和热水面团。冷水面团是用冷水(30 ℃以下)与面粉调制的面团。温水面团是用温水(50～60 ℃)与面粉调制的面团。热水面团一般是指用沸水调制的面团。

二、生姜

生姜是姜科多年生草本植物姜的新鲜根茎。既是调料又是中药,根茎供药用,鲜品或干品可作烹调配料或制成酱菜、糖姜。茎、叶、根茎均可提取芳香油,用于食品、饮料中。生姜味辛,性微温,归肺、脾、胃经;具有解表散寒、温中止呕、温肺止咳、解毒的功效;常用于风寒感冒、脾胃寒症、胃寒呕吐、肺寒咳嗽、解鱼蟹之毒。

海南岛四面环海,天气炎热,居民多喜食海鲜及凉食,生姜正好可以调理中和人体内的寒气及解鱼蟹之毒。

 制作糖水面

实训产品	糖水面	实训地点	中餐面点实训室
工作岗位	中式面点师岗		
操作步骤	❶ **制作准备** (1) 所需工具:双眼炉灶 1 台、炒锅 2 个、炒勺 2 把、漏勺 1 把、操作台 1 个、面盆 2 个、码斗 4 个、刮板 1 个、电子秤 1 台、面粉筛 1 个、菜刀 1 把、砧板 1 个、擀面杖 1 根、汤碗 1 个(图1-1-1)。 (2) 所需原辅料:中筋面粉 200 g、食盐 2 g、玉米淀粉 50 g、老姜 50 g、红糖 50 g、白糖 25 g、鸡蛋1个、水 2000 g(图 1-1-2)。   图 1-1-1　工具　　　　　图 1-1-2　原辅料 ❷ **工艺流程** (1) 煮糖水:将老姜洗净、切薄片,放入称好的水中,放入红糖、白糖,大火煮开,再换小火慢煮 1 小时(图 1-1-3)。 (2) 和面:在称好的面粉中放入食盐,加水(约 90 g)(图 1-1-4),调成较硬的面团(图1-1-5)。 (3) 揉面、醒面:将面团揉至光滑,成团后醒 15 分钟(图 1-1-6、图 1-1-7)。 (4) 擀面皮:将醒好的面团用大的擀面杖擀开呈圆片状,撒面粉用擀面杖将面皮卷起,反复擀制,散开,面皮换角度撒面粉,再卷起反复擀制(图 1-1-8),直到擀成 0.2 cm 厚的面皮,整体厚薄均匀。

续表

图 1-1-3 煮糖水

图 1-1-4 加水

操作步骤

图 1-1-5 和面

图 1-1-6 揉面

图 1-1-7 醒面

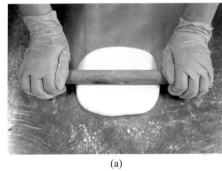

(a)

(b)

图 1-1-8 擀面皮

（5）切面条：将面皮表面撒少许玉米淀粉，然后折叠起来，切成 1 cm 宽的面条（图 1-1-9）。

（6）抖散面条：将切好的面条，用手把顶部一端捏好，轻轻抖散，手工面生坯即成（图 1-1-10）。

图 1-1-9 切面条

图 1-1-10 抖散面条

操 作 步 骤	（7）煮面：将新鲜的面条放入煮好的姜糖水中煮制（图 1-1-11），待糖水沸腾后打入一个鸡蛋小火煮 5 分钟即可盛出装碗。 （8）装碗：将煮好的糖水面盛于汤碗中，鸡蛋摆在糖水面上，再摆上几片姜片即可  图 1-1-11　煮面
制 品 成 品	
品质 特点	姜糖水清澈透亮，面条劲道爽滑，糖水入口微辣回甘
操作 重点 难点	（1）原料选择应符合制品要求：面粉筋度合适。 （2）面团一定要揉匀揉透，面条才有劲道。 （3）糖水应先煮好，让生姜和糖的味道更充分地融合。 （4）煮面时点水，防止面汤变稠、溢出，点水 3 次面条断生成熟

制订实训任务工作方案

根据实训任务内容和要求，讨论并填写实训任务计划书。

实训任务		实训班级			指导教师	
实训地点		中餐面点实训室				
实训岗位		中式面点师岗				
实 训 组 织	分组	负责人	人数		主 要 任 务	
	第一组					
	第二组					
	第三组					
	第四组					

续表

实训步骤及工作内容	实训步骤	工作内容	学时分配/分钟
	第一步	布置任务:分析任务,填写任务分析单,学习补充相关知识和技能	5
	第二步	制订计划:填写综合实训任务计划书,各组明确工作任务和要求	5
	第三步	工作准备:在做好个人卫生的基础上,负责厨房工作的各组进行设备、工具、原料准备,确保安全、卫生	15
	第四步	任务实施:各岗位按照工作页,有序开展任务,各组间加强沟通,完成制品的制作与服务工作	110
	第五步	实训评价:实训过程评价(随工作任务检测单及时评价)占40%,成果评价占60%,并统计评价结果	15
	第六步	总结反思:个人总结实训中的得失,并对继续完成其他实训任务给出自己的提升目标	10
批准实施	总厨建议:经审核,实训计划可行,同意按本计划实施 签字:		

工作流程实施表

班级：　　　　　　　　姓名：　　　　　　　学号：

一、厨房准备工作页及自查表

实训任务	制作糖水面	检查及评价	
工作过程	仪容仪表(实训人填写)	规范	欠规范
	工作服、帽子、围裙:		
	头发、指甲:		
	设备用具(实训人填写)	规范	欠规范
	用具准备:		
	炉灶通气准备:		
	用水是否安全通畅:		
	电路检查情况:		
	安全卫生(实训人填写)	规范	欠规范
	重视安全与卫生:		
	规范垃圾分类与处理:		
反思	所有规范要求是否做到,如有遗漏,请分析原因:		

二、制品原料准备工作表

实训任务	制作糖水面		检查及评价	
工作过程	原料准备（实训人填写）		齐全、规范	欠规范
	A 料			
	B 料			
	C 料			
	过程			
反思				

三、结束工作页及自查表

任务名称	各岗位工作任务要素	工 作 评 价			
结束工作记录	原料整理	规范		欠规范	
	用具归位	规范		欠规范	
	炉灶、工位清理	规范		欠规范	
反思					

时间：　　　　　　　　检查人：

 组织实训评价

班级：　　　　　　　姓名：　　　　　　　学号：

一、工作过程评价

实训任务	制作糖水面	工 作 评 价			
工作过程	准备阶段（20分）	处理完好	处理不当	配分	得分
	工作服穿戴整齐、个人卫生规范			5	
	检查并处理好安全及卫生状况			5	
	领料，核验原料数量和质量，填写单据			5	
	准备好设备及用具			5	

续表

实训任务	制作糖水面	工作评价			
	制作阶段（70 分）	处理完好	处理不当	配分	得分
工作过程	操作过程卫生规范			10	
	操作手法运用恰当,熟练准确			10	
	操作过程流畅无误			10	
	原料称量准确			10	
	制品规格保持一致			10	
	面条口感劲道符合要求			10	
	糖水面口味符合要求			10	
	整理阶段（10 分）				
	能够对剩余原料进行妥善处理和保存			3	
	能够正确进行垃圾分类处理			3	
	清理工作区域,清洁工具			2	
	关闭水、电、气、门、窗			2	
总分					

二、任务成果综合评价

评价要素	评 价 标 准	配分	得分
过程得分	见上方"工作过程评价"表	40	
仪容仪表	工作服干净,穿黑色皮鞋,仪容大方,勤剪指甲,发型整齐,不佩戴手镯、手链、戒指、耳环等,戴项链不外露	5	
沟通能力	有礼貌,精神饱满,面带笑容,热情适度,自然大方,语言要规范准确,声音柔和,不要大声说话,沟通效果良好	5	
解决问题能力	能按规范处理工作中的各种突发状况	5	
卫生、安全	整洁干爽,无安全事故	5	
制品色泽	汤色透亮	10	
制品香味	生姜的辛辣带着甜甜的味道	5	
制品口味	微辣回甘	10	
制品质感	面条劲道、爽滑	10	
制品形态	干净、有食欲	5	
总分			

 练习与思考

一、练习

（一）选择题

1. 下列哪个品种是用冷水面团调制而成的?（　　　　）

A. 锅贴　　　　　　B. 水饺　　　　　　C. 花色蒸饺　　　　D. 烙饼

2. 下列哪种面粉适合制作糖水面？（　　）

A. 美玫低筋粉　　　B. 金像高筋粉　　　C. 鲁王面粉　　　　D. 白菊面粉

（二）判断题

（　　）1. 制作糖水面时，面团需要调制略硬一点。

（　　）2. 可以在糖水面的面团中加鸡蛋和食盐，使面团更加劲道。

二、课后思考

最后叠面坯切面条时，为什么要撒玉米淀粉？

任务二

海南锅贴

明确实训任务

制作海南锅贴。

实训任务导入

教学资源包

海南锅贴的由来

锅贴是我国著名传统小吃,其制作精巧,底面呈深黄色,酥脆,面皮软韧,馅香味美。

有很多人分不清锅贴和煎饺的区别,认为它们是一样的,有些地方甚至把锅贴称为煎饺,其实两者是有本质区别的。一是外形不同,煎饺一般呈半圆形,个体饱满,锅贴呈方形,底部平板整齐;二是成型不同,煎饺封口严密,馅心不外漏,锅贴两侧为开口状,馅心外漏;三是熟制方法不同,煎饺一般先煮后煎(个别为生煎),锅贴为生煎,且受热面只有一面。

早年间有位广东面点师傅在偶然的机会下,到山东青岛吃了煎饺,感觉制作方法新颖,口感甚好,于是带回家乡,经过不断改良,才演变成如今的锅贴。而后,海南的面点师傅在学习中式面点的时候,也把这道美食带回海南,加以地方特色改良以适应当地人口味,最后制作出了美味可口的海南锅贴,其做法独树一帜。海南锅贴底部脆,上表皮软,皮焦馅嫩,色泽黄焦,鲜美溢口,是琼式茶点中的著名点心。

实训任务目标

(1)能掌握水调热水面团的调制原理和要求。

(2)能介绍海南锅贴的品质特点及制品的应用范围。

(3)能根据制品特点及操作方法合理选用原材料。

(4)能根据教师示范,按照操作流程独立完成制品的制作任务。

(5)培养学生讲究卫生,遵守食品安全规定的工作作风。

知识技能准备

一、生煎技法

生煎技法是一种起源于江浙的烹调技法,主要适用于包点类制品。制作时需使用平底锅(生铁锅最佳,热传导好),锅底放少许油,将制品整齐排列,略煎制,再淋入调制好的面糊,盖锅盖,使制品底部略硬有焦香味,入口软脆结合,汤汁饱满,代表品种有上海生煎包等。

制作要领:注意火候控制,底脆皮韧,不可过火而造成底部焦黑或馅心不熟。

二、面粉

面粉通常是指由小麦去麸皮后磨制而成的小麦粉,主要成分是淀粉和面筋蛋白质,是制作面点的主要原材料之一。

小麦是重要粮食作物之一,世界各地均有种植,主要集中在亚洲、西欧以及北美地区,我国的小麦种植主要集中在黑龙江、山东、河南、河北以及陕西等地区。

面粉按面粉筋度分类可分为高筋面粉、中筋面粉和低筋面粉。

高筋面粉:蛋白质含量在12%以上,吸水率为62%~64%,适合制作面包类制品。

低筋面粉:蛋白质含量低于10%,适合制作蛋糕、酥点、饼干等。

中筋面粉:介于高筋面粉和低筋面粉之间的一种具有中等筋力的面粉,蛋白质含量在10%~12%。中筋面粉在中式面点制作上的应用广泛,如制作包子、面条、饺子、酥点等。

 制作海南锅贴

实训产品	海南锅贴	实训地点	中餐面点实训室
工作岗位	中式面点师岗		
操作步骤	**❶ 制作准备** (1) 所需工具:煲仔炉灶1台、带盖平底锅1个、操作台1个、面盆2个、码斗8个、刮板1个、电子秤1台、擀面杖1根、菜刀1把、砧板1个(图1-2-1)。 (2) 所需原辅料(图1-2-2)。 ①皮坯料:低筋面粉130 g、高筋面粉50 g、生粉50 g、热水60 mL。 ②馅料:肉馅80 g、白菜80 g、姜茸少许、生抽、蚝油、十三香、芝麻油、料酒、胡椒粉、白糖、淀粉、鸡粉、食盐等。 ③锅贴用面糊水:面粉50 g、油100 mL、水400 mL。   图1-2-1　工具　　　　图1-2-2　原辅料 **❷ 工艺流程** (1) 白菜洗净切成细丝,加入少许食盐腌制,挤干水分备用(图1-2-3)。 (2) 肉馅加少许食盐、料酒、姜茸搅拌均匀,加入白菜,再加入生抽、蚝油、十三香、白糖、胡椒粉、鸡粉、淀粉、芝麻油拌匀成馅,放入冰箱冷藏备用(图1-2-4)。 (3) 将称好的低筋面粉、高筋面粉、淀粉装入盆中混合均匀备用(图1-2-5)。 (4) 粉料开窝,加入称好的热水,用擀面杖搅拌均匀(图1-2-6)。 (5) 将搅匀的面絮加少许凉水揉至光滑,分成小块散热(图1-2-7)。		

Note

续表

操作步骤

(a)　　　　　　　　　(b)　　　　　　　　　(c)

图 1-2-3　白菜初加工

(a)　　　　　　　　　　　　(b)

图 1-2-4　调馅

图 1-2-5　粉料混合　　　　　　　　　图 1-2-6　烫面

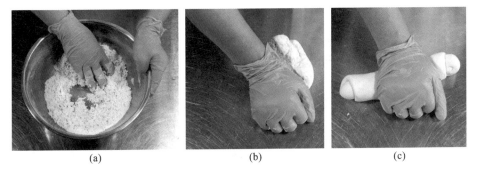

(a)　　　　　　　　　(b)　　　　　　　　　(c)

图 1-2-7　面团揉光滑

（6）将散热好的面团揉成团，松弛 10 分钟左右（图 1-2-8）。

（7）将松弛好的面团，搓成粗细均匀的长条，均匀揪出 15 克/个的剂子，擀成面皮（图 1-2-9 至图 1-2-11）。

（8）左手托住面皮，右手拿馅挑挑上做好的肉馅，放于面皮中间，将面皮对折，中间重叠大部分捏紧，两头不收口，即成锅贴生坯（见图 1-2-12、图 1-2-13）。

图 1-2-8　揉成团松弛

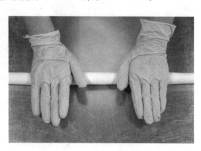
图 1-2-9　搓条

图 1-2-10　下剂

图 1-2-11　擀皮

图 1-2-12　上馅

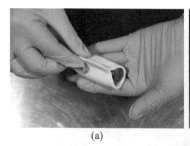
（a）　　　　　　　　　（b）
图 1-2-13　成型

（9）按配比称好面糊水料，调好面糊水，备用（图 1-2-14）。

（10）平底锅加热，放少许油，将锅贴生坯码入锅中，煎至底部金黄，加入面糊水，调小火，慢慢收至水干，结出冰花，周边金黄，即可倒扣装盘（图 1-2-15 至图 1-2-17）

图 1-2-14　调面糊水

图 1-2-15　平底锅内码生坯

操作步骤

Note

续表

操作步骤	  图 1-2-16　加入面糊水　　　图 1-2-17　煎锅贴
制品成品	
品质特点	造型美观、冰花完整、锅贴底部金黄焦脆、上皮软糯、馅心鲜嫩、咸鲜适口
操作重点难点	（1）原料选择应符合制品要求：面粉筋度合适。 （2）馅料应新鲜，咸鲜适口。 （3）烫面时要边加热水边搅拌，烫面均匀。 （4）调好面团后需要散热，避免预热残留的水汽使面团变得黏软

 练习与思考

一、练习

（一）选择题

1. 下列面粉中，中式面点常用的粉料是（　　　　）。

A. 高筋面粉　　　　　B. 低筋面粉　　　　　C. 中筋面粉　　　　　D. 全麦粉

2. 下列哪项不是海南锅贴面团调制过程？（　　　　）

A. 面粉过筛　　　　　B. 热水烫面　　　　　C. 加水成团　　　　　D. 揉成团后就搓条

（二）判断题

（　　　）1. 锅贴生坯调制过程中，生坯需要散热。

（　　　）2. 煎锅贴时加入面糊水，既可以形成皮漂亮的冰花，又能利用水分使面团和馅料成熟。

二、课后思考

如何辨别低筋面粉和高筋面粉？

制订实训
任务工作
方案

工作流程
实施表

组织实训
评价

Note

任务三

炸酥饺

教学资源包

 明确实训任务

制作炸酥饺。

 实训任务导入

炸酥饺的由来

炸酥饺也叫"油炸饺""油饺",因其形似古代的荷包,故民间认为过年吃酥饺,有财运亨通、钱包鼓鼓的寓意。在海南的文昌、琼海等地,许多居民会在春节前夕炸酥饺,酥饺是过年必备的年货之一,承载的是海南人童年记忆里的味道。生酥饺是用面粉、鸡蛋、油和水混合揉制酥饺皮,然后填馅合口、捏花边而成的。酥饺馅种类多样,各家有各家的秘方,通常大家会将磨好的花生碎、芝麻、瓜丁和白糖均匀混合做馅,此外还有红豆馅、绿豆馅、咸味馅等不同口味。将酥饺入油锅小火慢炸,待其炸至金黄色便可出锅,入口酥脆,香甜可口。海南人对酥饺的感情多半是思乡,思念心中固守的乡愁;是怀旧,留恋童年的味道。

 实训任务目标

（1）能掌握水调面团调制的原理和要求。

（2）能介绍炸酥饺的品质特点及制品的应用范围。

（3）能根据制品特点及操作方法合理选用原材料。

（4）能根据教师示范,按照操作流程能独立完成制品的制作任务。

（5）培养学生遵守食品安全规定的意识。

 知识技能准备

一、椰蓉

椰蓉是椰丝和椰粉的混合物,将椰子肉刨成丝或磨成粉,经过特殊的烘干处理后混合制成。椰蓉可用来做糕点、月饼、面包等的馅料和撒在点心的表面,以增加口味和装饰表面。椰蓉本身是白色的,而市面上常见的椰蓉呈诱人的油光光的金黄色,是因为在制作过程中添加了黄油、蛋液、白糖、蛋黄等。这样制作出来的椰蓉口感虽然更好,香味更浓,营养更丰富,但热量较高,不宜多食。

二、红糖

红糖是指带蜜的甘蔗经过榨汁,熬制浓缩形成的带蜜糖。红糖按结晶颗粒不同,分为片糖、红糖粉、碗糖等,因没有经过高度精炼,几乎保存了甘蔗中的全部成分,除具备糖的功能外,还含有维生素与微量元素,如铁、锌、锰、铬等,营养成分比白糖高很多。

甘蔗含有多种人体必需氨基酸,如赖氨酸等,这些氨基酸是合成人体蛋白质、支援新陈代谢、参与人体生命活动不可缺少的基础物质,对促进健康有重要作用。未经过精炼的红糖保留了较多甘蔗的营养成分,也更加容易被人体消化吸收,因此能快速补充体力、增加活力,所以又称为"东方的巧克力"。

中医认为,红糖性温、味甘、入脾,具有益气补血、健脾暖胃、缓中止痛、活血化瘀的作用。性温的红糖通过"温而补之,温而通之,温而散之"来发挥补血作用。

红糖虽然营养丰富,但是一定要适量。《本草纲目》一书中,称红糖为沙糖,并分析:"沙糖性温,殊于蔗浆,故不宜多食……",建议每日摄入量为 25 g 左右,糖尿病患者应避免食用。

 制作炸酥饺

实训产品	炸酥饺	实训地点	中餐面点实训室
工作岗位	中式面点师岗		
操作步骤	**❶ 制作准备** (1) 所需工具:炉灶 1 台、炒锅 1 个、炒勺 1 把、漏勺 1 把、操作台 1 个、小勺 1 把、码斗 8 个、刮刀 1 把、电子秤 1 台、圆形磨具 1 个(图 1-3-1)。 (2) 所需原辅料(图 1-3-2)。 ①皮坯料:低筋面粉 500 g、猪油 100 g、白糖 100 g、鸡蛋 2 个、小苏打 2 g、温水适量。 ②馅料:炒香去皮的花生仁 500 g、椰蓉 100 g、红糖 400 g。 　 　　图 1-3-1　工具　　　　　　　　图 1-3-2　原辅料 **❷ 工艺流程** (1) 将低筋面粉、小苏打混合均匀过筛,加入猪油和鸡蛋(图 1-3-3、图 1-3-4)。 　 　　图 1-3-3　粉料过筛　　　　　　图 1-3-4　加猪油、鸡蛋

续表

（2）用温水和白糖一起搅化，加入低筋面粉调制成面团，松弛备用（图1-3-5）。

（a） （b）

图 1-3-5 和面

（3）制馅：将准备好的花生仁略捣碎，与椰蓉和红糖一起，拌匀即成馅料（图1-3-6）。

（a） （b） （c）

图 1-3-6 制馅

操作步骤

（4）制皮：将松弛好的面团用压面机反复压光滑后，用擀面杖擀成厚度约为 0.1 cm 的面皮，再用圆形磨具按压成直径为 7～8 cm 的圆形面皮（图1-3-7、图1-3-8）。

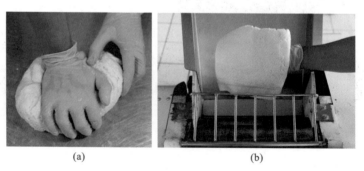

（a） （b）

图 1-3-7 压面

图 1-3-8 按皮

Note

续表

（5）包馅成型：左手托起面皮，中间放馅，将面皮对折，从底部角的位置将重叠的面皮捏合，往里翻折，再捏合旁边重叠的面皮，继续翻折（与韭菜盒子锁边一样的捏法），直至边缘面皮锁好捏完即成炸酥饺生坯（图 1-3-9）。

(a)

(b)

(c)

(d)

图 1-3-9 包馅成型

（6）成熟：将做好的生坯，放入已经预热至油温 6～7 成的油锅中，炸至金黄色捞出，控去多余油脂即可（图 1-3-10）

(a)

(b)

图 1-3-10 熟制

操作步骤

制品成品

Note

续表

品质特点	造型美观、颜色金黄、香甜酥脆、花生及椰香味浓郁
操作重点难点	（1）掌控好面皮软硬程度，面团略偏硬。 （2）擀制面皮时要薄厚均匀，宜偏薄。 （3）包制时收口一定要收紧，以免炸制时裂开。 （4）炸制时，掌控好油温，生坯下锅适当推动，避免生坯在锅底焦煳

制订实训
任务工作
方案

工作流程
实施表

组织实训
评价

练习与思考

一、练习

（一）选择题

1. 制作炸酥饺选用的是下列哪种面粉？（　　）

A. 高筋面粉　　　　　B. 低筋面粉　　　　　C. 中筋面粉　　　　　D. 全麦粉

2. 下列哪项不是炸酥饺的特点？（　　）

A. 色泽金黄　　　　　B. 外皮酥脆　　　　　C. 馅心香甜可口　　　　　D. 外酥内软

（二）判断题

（　　）1. 如果制作炸酥饺时，没有红糖可以用白糖代替，但其营养和口味会有所差异。

（　　）2. 炸制酥饺时，生坯下锅不需要再动它，当炸至其慢慢浮起，色泽金黄时，即可捞出。

二、课后思考

是否可以用米粉代替炸酥饺中的低筋面粉？为什么？

任务四

三鲜煎饺

 明确实训任务

制作三鲜煎饺。

 实训任务导入

三鲜煎饺的由来

三鲜煎饺由三鲜水饺演变而来,在熟制时,三鲜水饺煮熟后佐酱汁食用,三鲜煎饺则在煮至七八分熟时捞出用平底锅煎至全熟或是直接生煎,两者风味不尽相同。

古时由于食材匮乏,三鲜分地三鲜、树三鲜、水三鲜。地三鲜即蚕豆、苋菜、黄瓜;树三鲜即樱桃、枇杷、杏子;水三鲜即海蛳、河鲀、鲥鱼。

到了现代,由于原料极为丰富,三鲜也只是一个名头,各地对其理解不尽相同,面点师因地制宜地制作出了花式多样、内容丰富的三鲜煎饺。

 实训任务目标

(1) 能熟练掌握热水面团调制的原理和要求,能调制饺子皮面团。

(2) 能介绍三鲜煎饺的品质特点及制品的应用范围。

(3) 能根据制品特点及操作方法合理选用原材料。

(4) 能根据教师示范,按照操作流程独立完成制品的制作任务。

(5) 培养学生规范操作、讲究卫生,遵守食品安全规定的工作作风和团队协作、合理安排实习内容的团队精神。

 知识技能准备

一、热水面团

热水面团一般是指用沸水调制的面团,又称"烫面",其调制方法有两种。

第一种:水放入锅中烧开,改小火,将称好的面粉倒入锅内,用擀面杖用力搅拌均匀,使面团烫匀、烫透,然后出锅,倒在抹油的案板上散热晾凉,再揉团使用。

第二种:面粉开窝,将煮沸的水冲入面粉,用擀面杖边搅拌边浇水,基本调匀后,倒在抹油的案板上散热晾凉,再揉团使用。

热水面团的特点:黏性大,韧性差,可塑性强。成品口感软糯、色泽较暗,适合做花色蒸饺、锅贴、烫面炸糕等面点品种。

二、马蹄

马蹄的学名是荸荠,荸荠古代多作为水果食用,荒年则被人们用来充饥;荸荠汁多味甜,营养丰富,除生食外,热食则可做成多种荤素皆宜的佳肴;荸荠也是一味中药,其苗秧、根、果实均可入药。李时珍在《本草纲目》中有"荸荠能降火、补肺凉肝、消食化痰……地上茎有清热利尿作用"。

现代生活中,荸荠既可以作为水果,也可以作为食材,还可以作为食疗食品,深受广大百姓喜爱。

 制作三鲜煎饺

实训产品	三鲜煎饺	实训地点	中餐面点实训室
工作岗位	中式面点师岗		
操作步骤			

操作步骤

❶ **制作准备**

(1)所需工具:煲仔炉灶 1 台、带盖平底锅 1 个、操作台 1 个、面盆 2 个、码斗 8 个、刮板 1 个、电子秤 1 台、面粉筛 1 个、菜刀 1 把、砧板 1 个(图 1-4-1)。

(2)所需原辅料(图 1-4-2)。

①皮坯料:鲁王面粉 180 g、热水 80 g。

②馅料:甜玉米粒 50 g、胡萝卜 30 g、新鲜荸荠肉 50 g、猪肉馅 120 g。

③调配料:姜汁 10 g、食盐 1 g、白糖 10 g、生抽 10 g、蚝油 10 g、鸡粉 2 g、淀粉 15 g、香油 15 g。

图 1-4-1　工具　　　　　　　　　　　　图 1-4-2　原辅料

❷ **工艺流程**

(1)和面:面粉边加热水边用工具搅拌均匀成雪花状,摊开晾凉,淋少许冷水,和成面团,盖上湿毛巾松弛(图 1-4-3)。

(2)搓条、下剂:面团醒发 20 分钟,将醒发好的面团搓成直径约 2 cm 的光滑剂条,揪成 30 个面剂(见图 1-4-4)。

(3)制馅:将去皮洗净的荸荠,切细末备用;胡萝卜洗净切细末备用;将猪肉馅放入大容器中,加入姜汁、食盐、白糖、生抽、蚝油、鸡粉、淀粉、香油搅打至上劲;再将胡萝卜末、玉米粒和荸荠末一起放入肉馅中,搅拌均匀。放入胡萝卜末、荸荠末和玉米粒后,为防止蔬菜出水可再添加少量植物油拌匀,锁住水分,最后将制好的馅料放冰箱冷藏备用(图 1-4-5)。

续表

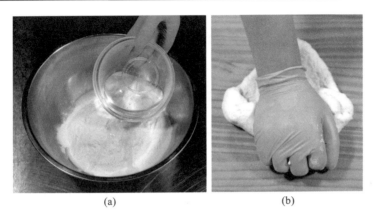

(a) (b)

图 1-4-3　和面

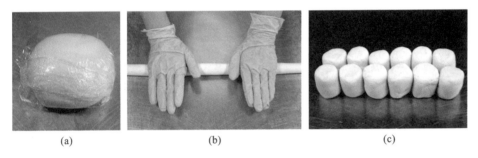

(a) (b) (c)

图 1-4-4　搓条、下剂

操作步骤

(a) (b) (c)

图 1-4-5　制馅

（4）制皮：取一个剂子，用擀面杖将剂子擀成直径约 8 cm 的圆皮（图 1-4-6）。

（5）包馅成型：将冷藏的馅料取出，取一张饺子皮，左手托皮，中间放入馅心，左右手相互配合，捏出月牙形，即成煎饺生坯（见图 1-4-7、图 1-4-8）。

图 1-4-6　制皮

图 1-4-7　包馅

续表

| 操作步骤 |

(a)   (b)

图 1-4-8　成型

（6）平底锅倒入少许油，预热后把饺子放入锅中煎制，待煎至底部金黄，倒入少量水，盖上锅盖，闷 5～10 分钟，收干水分，煎至两面金黄即可（见图 1-4-9、图 1-4-10）

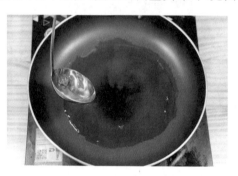

图 1-4-9　热锅

(a)   (b)   (c)

图 1-4-10　煎饺 |

| 制品成品 |  |

续表

品质特点	造型美观、形似月牙,底部焦脆、上皮软糯,滋味鲜美、咸鲜适口
操作重点难点	(1)擀皮要擀成中间略厚边缘薄,大小一致。 (2)馅料食材应新鲜,口味咸鲜适口。 (3)和面时面团一定要揉匀,揉匀后需要散热。 (4)煎制时注意火候和煎制时间

练习与思考

一、练习

(一)选择题

1. 下列哪些品种调制面团时不需要散热?(　　)

A.云吞　　　　　　B.煎饺　　　　　　C.锅贴　　　　　　D.蒸饺

2. 调制温水面团的水温是(　　)。

A.40 ℃　　　　　　B.100 ℃　　　　　　C.80 ℃　　　　　　D.60 ℃

(二)判断题

(　　)1. 煎饺、蒸饺制品一般都使用温水面团。

(　　)2. 煎制煎饺时,加水是为了让面团和馅心在水蒸气的作用下完全成熟。

二、课后思考

通过三鲜煎饺的学习,我们还可以拓展哪些馅心材料?

制订实训
任务工作
方案

工作流程
实施表

组织实训
评价

任务五

炸春卷

教学资源包

 明确实训任务

制作炸春卷。

 实训任务导入

春卷的由来

春卷在古时又称春饼、春盘、薄饼,是用干面皮包馅心,经煎、炸而成。春卷是中国民间节日的一种传统食品,历史较为悠久,由立春之日食用春盘的习俗演变而来,是南北方美食中不可或缺的一部分。

据晋周处《风土记》载:"元日造五辛盘",就是将五种辛辣味的蔬菜,在春日供人们食用,故又称为"春盘"。

元代无名氏编撰的《居家必用事类全集》记载有"卷煎饼":摊薄煎饼,以胡桃仁、松仁、桃仁、榛仁、嫩莲肉、干柿、熟藕、银杏、熟栗、芭榄仁,以上除栗需片切外皆细切,用蜜、糖霜调和,加碎羊肉、姜末、食盐、葱调和做馅,卷入煎饼,油焯过。这就是早期春卷的制法。

至清代,开始出现春卷之名,古籍《调鼎集》中记载:干面皮加包火腿肉、鸡等物,或四季时菜心,油炸供客。又或咸肉腰、蒜花、黑枣、胡桃仁、洋糖共剁碎,卷春饼切段。单用去皮柿饼捣烂,加熟咸肉、肥条,摊春饼作小卷,切段。单用去皮柿饼切条作卷亦可。这里介绍了三种制法,既包馅(咸、甜均有)又有卷,是典型的春卷形状及制法,与现在春卷的制法极为相近。

春卷因卷入的馅料不同,营养成分也有所不同。由于是煎炸食品,其所含热量偏高,不宜多食。

 实训任务目标

(1)了解春卷的由来。

(2)熟悉炸春卷的特点。

(3)掌握炸春卷的制作工艺流程、操作要领,能够独立完成炸春卷的制作任务。

(4)能做到遵守烹饪行业的职业道德、严格遵守操作规程、安全操作、整洁卫生。

 知识技能准备

一、油炸

油炸是以油脂为热传导介质。将食物放入较高温度的油脂中(大锅满油,油脂淹没过原料)

加热快速熟制的过程就叫做油炸。

食品在油炸时可分为以下五个阶段。

1. 起始阶段　将原料投入油脂中至原料的表面温度达到水的沸点这一阶段。该阶段没有明显水分的蒸发,被炸食品表面仍维持白色,无脆感,吸油量低,食品中心的淀粉未糊化、蛋白质未变性。

2. 糊化阶段　该阶段原料表面水分大量蒸发,外皮壳开始形成。原料表面的外围有些褐变,中心的淀粉部分糊化,部分蛋白质变性,食品表面有脆感并少许吸油。此阶段耗能最多、需要时间最长,是油炸食品品质和风味形成的主要阶段。

3. 焦化阶段　该阶段原料外皮壳增厚,水分蒸发量减少,从原料中逸出的气泡逐渐减少直至停止,呈金黄色,脆度良好,此时食用风味最佳。

4. 劣变阶段　该阶段原料颜色变深,吸油过度,制品变松散,表面变僵硬,不宜食用。

5. 丢弃阶段　该阶段原料颜色变为深黑色,表面僵硬,有炭化现象,完全不能食用。

油炸的技术关键是控制油温和热加工时间,一般油炸的温度为 100～230 ℃,不同的原料其油炸温度和时间均不相同。

油炸可以杀灭食品中的微生物,延长食品的保存期,亦可改善食品风味,提高食品营养价值。同时食品表面发生焦糖化反应,赋予食品特有的金黄色,部分物质分解,产生油炸食品特有的色泽和香味。

油炸类食品所含热量与脂肪极高,长期摄取会导致肥胖或一些相关疾病,如糖尿病、冠心病和高脂血症等。

二、韭黄

韭黄颜色鲜黄、风味独特,口感清爽,营养丰富,是我国常见食材之一。韭黄不仅色鲜味美,而且营养十分丰富,富含胡萝卜素、蛋白质、脂肪、糖、膳食纤维、维生素和钙、磷、铁等微量元素,对胃肠道、脾脏、胰脏等均有很好的保健功效。

韭黄,是石蒜科葱属多年生草本植物,因韭菜在弱光覆盖条件下完全变黄,因此称为"韭黄"。韭黄原产于我国,南北山区多有野生,各地普遍栽培,是一种栽培历史悠久的蔬菜。韭黄适应环境的能力很强,能耐霜冻和低温。《本草纲目》记载:"韭之为菜,可生可熟,可菹可久,乃菜中最有益者也"。韭黄对肾阳盛衰、阳痿遗精有一定的治疗保健作用,俗有"草钟乳"之名。

三、冬笋

冬笋是立冬前后由毛竹(楠竹)的地下茎(竹鞭)侧芽发育而成的笋芽,因尚未出土,笋质幼嫩,是人们十分喜欢吃的食品。

冬笋是一种营养价值丰富并具有医药功能的美味食品。其质嫩味鲜,清脆爽口,含有丰富的蛋白质和多种氨基酸、维生素,以及钙、磷、铁等微量元素和丰富的纤维素,能促进肠道蠕动,既有助于消化,又能预防便秘和结肠癌的发生。冬笋是一种高蛋白质、低淀粉食品,它所含的多糖物质具有一定的抗癌作用。冬笋可与肉类搭配制作菜肴或者馅料,充分吸收利用其营养。冬笋含有较多草酸,与钙结合会形成草酸钙,患尿道结石、肾炎的人不宜多食。食用处理时可以焯水后漂洗,使草酸溶解到水中,避免影响其他营养素的吸收利用。

制作炸春卷

实训产品	炸春卷	实训地点	中餐面点实训室
工作岗位	中式面点师岗		

操作步骤

❶ 制作准备

（1）所需工具：炉灶1台、炒锅1个、炒勺1把、漏勺1把、砧板1个、菜刀1把、操作台1个、盆1个、码斗8个、刮板1个、电子秤1台、筷子1双（图1-5-1）。

（2）所需原辅料：春卷皮300 g、面粉60 g、蛋清30 g、猪后腿肉400 g、韭黄50 g、胡萝卜75 g、冬笋75 g、木耳50 g、调味品适量（图1-5-2）。

图 1-5-1　工具　　　　　　　　　图 1-5-2　原辅料

❷ 工艺流程

（1）后腿肉、红萝卜、冬笋、木耳洗净切丝，韭黄切成长约5 cm的小段，备用（图1-5-3）。

（2）锅中烧油，投入肉丝、胡萝卜丝、冬笋丝、木耳丝，放入调料炒熟，加入韭黄拌匀，成馅备用；用面粉加蛋清和水调浆备用（图1-5-4至图1-5-6）。

图 1-5-3　加工原料　　　　图 1-5-4　炒馅　　　　图 1-5-5　加入韭黄拌匀成馅

　　　　　（a）　　　　　　　　　　　　　　（b）

图 1-5-6　调面浆备用

续表

（3）春卷皮铺在案板上（可切去左右两侧多余皮料），筷子夹入馅料在皮的中下侧位置，自下向上折回包住馅料，左右两侧皮向中间折回，再卷起，涂少许面浆在边缘封口处，卷起后粘紧，即成生坯（图 1-5-7、图 1-5-8）。

（4）锅中油温至 160 ℃，投入春卷生坯炸至金黄色，捞出控去多余油，即可装盘（图 1-5-9 至图 1-5-11）

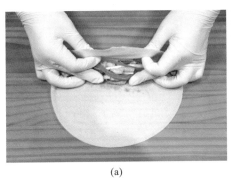
(a)

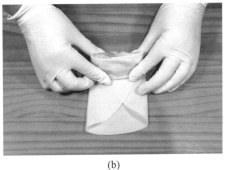
(b)

图 1-5-7　包馅

图 1-5-8　成型

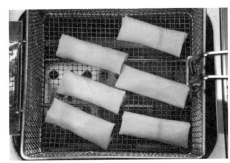

图 1-5-9　春卷下锅

图 1-5-10　炸至金黄

图 1-5-11　捞出控油

操作步骤

制品成品

续表

品质特点	造型整齐美观、色泽金黄,外脆里嫩,老少皆宜
操作重点难点	(1)馅料炒制不要太散,油不要太多,可适当勾芡。 (2)春卷生坯成型时,馅料放中间,使两端对称,成型时造型美观。 (3)炸制油温适当,时间不宜长,炸至脆金黄色即可

制订实训
任务工作
方案

工作流程
实施表

组织实训
评价

练习与思考

一、练习

(一)选择题

1. 春卷炸制的油温是(　　)。

A. 160 ℃   B. 120 ℃   C. 180 ℃   D. 200 ℃

2. 面糊中蛋清的作用是(　　)。

A. 增黏定型   B. 上色   C. 增加面筋   D. 增香

(二)判断题

(　　)1. 春卷皮的面团是水调温水面团。

(　　)2. 炸春卷的口味是咸鲜味。

二、课后思考

春卷成型时为什么要涂抹面糊?

鲜虾云吞

教学资源包

 明确实训任务

制作鲜虾云吞。

 实训任务导入

鲜虾云吞的由来

云吞,即馄饨,因为馄饨在粤语中发音像云吞,所以广东人直接称其为云吞。唐宋时期馄饨就传入了岭南地区,据宋代史料《群居解颐》记载:"岭南地暖……入冬好食馄饨,往往稍喧,食须用扇"。至明清时,各地因地制宜,在馄饨中加入本地食材,馄饨开始呈现出地方特色,口味和做法都更加多元化。有北京的多肉馄饨、山东的油煎馄饨、苏州的馅料则是虾蟹鱼肉样样都有、广东人则在馅料中加入虾皮、四川人演变出了抄手,均以风格多样著称,这些不同的馄饨一直流传至今,成为具有浓郁地方特色的美食佳肴。

海南在建省以前,一直隶属于广东省,因此海南的饮食受粤式饮食文化影响较深。海南的云吞仍是沿袭粤式点心的制作方法,其皮薄馅大,呈现透明状。馅料内有猪肉末和鲜虾或虾皮提鲜,并配上用猪骨等食材煲制的高汤,食用前撒上韭黄、小葱等,鲜美无比。

 实训任务目标

(1)能熟练掌握水调面团的调制原理和要求,能调制云吞皮面团。
(2)能了解鲜虾云吞的品质特点及制品的应用范围。
(3)能根据制品特点及操作方法合理选用原材料。
(4)能根据教师示范,按照操作流程独立完成制品的制作任务。
(5)培养学生规范操作、讲究卫生,遵守食品安全规定的工作作风。

 知识技能准备

一、温水面团

温水面团是用温水(50~60 ℃)与面粉调制成的面团。调制方法是将一定量的面粉称入盆中,加入温水,用手抄拌、揉搓,使水与面粉结合成面团,然后经过反复揉制使面团表面光滑,再盖上洁净的湿毛巾静置醒发即可。但由于这种方法调制的面团一般较粘手,且使用的品种范围较小,因而厨师往往采用先在面粉中先加50%~70%的沸水,用擀面杖搅匀,再加剩余部分的冷水将面粉和匀。这样调制的面团较软,有可塑性且不粘手。行业上称为半烫面、三生面。

温水面团,黏性、韧性和色泽介于冷水面团和热水面团之间,有一定的可塑性、弹性和筋度,

Note

适合制作烙饼、蒸饺等中式面点品种。

二、大虾

鲜虾云吞馅中的虾肉一般采用大虾，也称对虾、明虾，其肉质脆嫩鲜美，适合制作馅料。我国大部分海域均有出产，每年 4—6 月、10—11 月为大虾上市旺季。

大虾营养价值较高，蛋白质含量为 14%～20%，脂肪含量较低，为 0.4%～5%，不饱和脂肪酸含量较高，易于人体消化吸收，钙含量较高，尤其是虾皮中钙含量可达 2%。

制作鲜虾云吞

实训产品	鲜虾云吞	实训地点	中餐面点实训室
工作岗位	中式面点师岗		
操作步骤	① **制作准备** （1）所需工具：双眼炉灶 1 台、炒锅 2 个、炒勺 1 把、漏勺 1 个、操作台 1 个、面盆 2 个、码斗 8 个、刮板 1 个、电子秤 1 台、面粉筛 1 个、菜刀 1 把、砧板 1 个、汤碗 1 个（图 1-6-1）。 （2）所需原辅料（图 1-6-2）。 ①皮坯料：鲁王面粉 350 g、温水 100 g、鸡蛋 2 个。 ②馅料：猪肉馅 100 g、虾仁 50 g、葱姜水 100 g、蚝油 15 g、生抽 10 g、鸡蛋 1 个、香油 15 mL、胡椒粉 5 g、十三香 5 g、食盐 1 g、料酒 10 g、鸡粉 2 g、白糖 10 g、淀粉 5 g、葱 20 g。 ③调配料：紫菜 30 g、虾皮 15 g、香菜 20 g、葱花少许、高汤 200 g。   图 1-6-1　工具　　　　　图 1-6-2　原辅料 ② **工艺流程** （1）制馅：猪肉馅、虾仁放入盆中，分次加入葱姜水，顺一个方向搅拌至上劲。加入蚝油、生抽、鸡蛋、香油、胡椒粉、十三香、食盐、鸡粉、白糖、淀粉等调味料搅打至馅心起胶黏稠，最后加入葱末搅匀即可，包保鲜膜放入冰箱冷藏备用（图 1-6-3）。 （2）和面：面粉称入盆中，加入温水用手搅匀，再加入 2 个鸡蛋拌匀，揉匀成团，用掇或捣的手法，将面团揉制上劲、光滑，盖上湿毛巾醒发备用（见图 1-6-4）。 （3）擀面：将醒好的面团，用擀面杖擀成长方形，表面撒少许淀粉防止粘连，再用擀面杖均匀裹住面皮由内向外按压面皮，使其越来越薄，直至面皮厚薄均匀，厚度约为 0.1 cm 即可（图 1-6-5）。 （4）制皮：压好的面皮平放在案板上，均匀撒上少许淀粉，用刀切成一段一段，叠起来，叠成厚厚的，再用刀切出云吞皮坯（图 1-6-6）。

续表

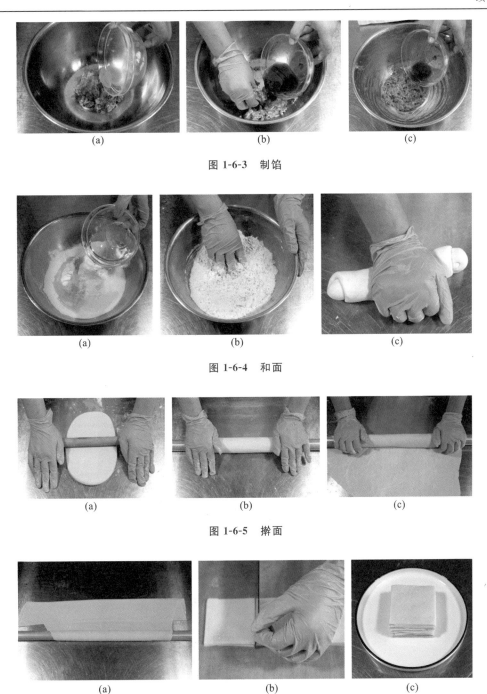

图 1-6-3 制馅

图 1-6-4 和面

图 1-6-5 擀面

图 1-6-6 制皮

（5）包馅成型：将冷藏的馅料取出，取一张馄饨皮，边缘蘸少许水，馅料放中间靠下的位置，将下方面皮折回，边捏好压紧，再捏住馅料往上翻折，捏住折回的面皮内侧两个角，对着捏紧成元宝形，即为云吞生坯（图 1-6-7、图 1-6-8）。

（6）将包好的云吞放在撒入面粉的盘中，炉灶开火起锅烧水，水沸腾后放入云吞煮开"点水"，反复"点水"3 次，将上浮的云吞用漏勺捞出放入高汤，煨煮 1 分钟，碗内放入食盐、鸡粉、紫菜、虾皮，用汤勺连汤带云吞一并盛出装入碗中，撒上葱花，滴 1～2 滴香油即可（图 1-6-9）

操作步骤	 图 1-6-7　包馅 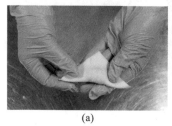　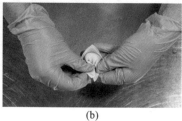　 　(a)　　　　　　　(b)　　　　　　　(c) 图 1-6-8　成型  图 1-6-9　煮云吞
制品成品	
品质特点	汤色清亮、云吞造型美观,口感爽滑,馅鲜味美、肉质细嫩,老少皆宜
操作重点难点	(1)原料选择应符合制品要求:面粉筋度合适。 (2)馅料食材应新鲜,口味咸鲜适口。 (3)和面时面团一定要揉匀揉透,揉到光滑。 (4)调好面团后需要静置醒发,防止弹性强、收缩,影响后续操作

练习与思考

制订实训
任务工作
方案

工作流程
实施表

组织实训
评价

一、练习

（一）选择题

1. 下列哪项不是用冷水面团制作的品种？（   ）

A. 云吞　　　　　　B. 面条　　　　　　C. 锅贴　　　　　　D. 水饺

2. 调制冷水面团的水温是（   ）。

A. 40 ℃　　　　　　B. 30 ℃　　　　　　C. 20 ℃　　　　　　D. 60 ℃

（二）判断题

（   ）1. 调制云吞面团时，面团无须揉匀揉透，揉成团即可用压面机压制面皮。

（   ）2. 煮制云吞时，"点水"既是为了防止水沸腾外溢，以及水猛沸将云吞皮冲破，影响成品造型美观。

二、课后思考

通过鲜虾云吞的学习，我们还可以拓展哪些云吞品种？

Note

项目二
发酵面团类制品

【项目目标】

1. 知识目标

(1) 能准确表述发酵面团类面点的选料方法。

(2) 能正确讲述与发酵面团类面点相关的饮食文化。

(3) 能介绍发酵面团类面点的成品特征及应用范围。

2. 技能目标

(1) 掌握发酵面团类面点的选料方法、选料要求。

(2) 能对发酵面团类面点的原料进行正确搭配。

(3) 能采用正确的操作方法,按照制作流程独立完成发酵面团类面点的制作任务。

(4) 能运用合适的调制方式完成发酵类面团调制并制作相关制品。

3. 思政目标

(1) 形成良好的职业意识,提高学生综合职业素养。

(2) 在发酵面团类制品的制作过程中,体验劳动、热爱劳动,培养学生正确的人生观、价值观。

(3) 在对发酵面团类面点制作的实践中感悟海南特色本土烹饪文化,培养学生文化自信。

(4) 培养学生在发酵面团类面点制作中互相配合、团结协作的精神,体验真实的工作过程。

任务一

奶白馒头

教学资源包

 明确实训任务

制作奶白馒头。

 实训任务导入

馒头的由来

馒头是我国的传统面食,又称为"馍""馍馍""窝头"等,起源于古时的祭祀,晋人卢谌《祭法》中就说:"春祠用曼(馒)头……"。

"馒头"一词最早单指含馅的发酵面团食品,形圆而隆起,北方人多称其为包子,到清代逐渐分化,将有馅的称为包子,无馅的则称为馒头。而江南一带仍保留古称,将含馅者称为"馒头",如"生煎馒头""蟹粉馒头"等。

我国东北和西北地区馒头多用面粉加老面、水、食用碱等混合均匀,采用碱面团自然发酵法制作而成,也称"戗面馒头"。成品外形为半球形或长方形,个头大、表皮亮泽,入口有嚼劲,如"杠子馒头""高桩馒头"等。

南方馒头多用面粉加酵母、水、糖、猪油等原料,经发酵制作而成,口味偏甜,组织细腻暄软,如"刀切馒头""奶白馒头"等。

 实训任务目标

(1)了解奶白馒头的相关由来。

(2)熟悉奶白馒头的特点。

(3)掌握奶白馒头的制作工艺流程、操作要领,能够独立完成奶白馒头的制作任务。

(4)按中式面点师职业要求操作,教学和实训中要求操作过程整洁卫生。

知识技能准备

一、生物膨松面团

生物膨松面团是指在面团中放入酵母(或面肥),酵母在适当的温度、湿度等外界条件和自身淀粉酶的作用下,发生生物化学反应,产生二氧化碳气体,使面团充气,从而形成均匀、细密的海绵状结构的面团,行业中通常称为发酵面团。我们平时生活中吃的包子、馒头、花卷等都是发酵面团食品。

二、酵母

酵母,又称酵母菌,单细胞真菌微生物,是一种对人体有益的生物膨松剂。发面的原理是酵母菌在面团中进行新陈代谢,产生有利于人体吸收的营养和风味物质,并产生二氧化碳气体,使面团膨胀、松软可口。

酵母里常见的品种有鲜酵母和干酵母。

鲜酵母又称压榨酵母,由酵母液除去一定量水分后压榨而成,颜色呈乳白色或灰白色,需在－4～4 ℃的冰箱或冷库中保存。鲜酵母具有质量稳定,发酵耐力强,后劲大,入炉膨胀好,面包体积大,风味好等特点。

干酵母则是由鲜酵母经低温干燥制成的高活性新型酵母,亦称即发干酵母、速溶干酵母。干酵母具有活性高、活性稳定、发酵速度快、使用方便、无须低温储藏,便于保存和运输等特点。

根据需要,鲜酵母和干酵母在使用时,其使用量可以按一定比例进行互换。鲜酵母与干酵母之间的换算比例:鲜酵母∶干酵母为3∶1。

🥚 制作奶白馒头

实训产品	奶白馒头	实训地点	中餐面点实训室
工作岗位	中式面点师岗		
操作步骤	❶ 制作准备 （1）所需工具:蒸柜1台、蒸盘1个、压面机1台、操作台1个、醒发箱1个、面盆1个、码斗6个、刮板1把、电子秤1台、面粉筛1个、菜刀1把、包子垫纸适量(图2-1-1)。 （2）所需原辅料:低筋面粉500 g、白糖30 g、奶粉50 g、干酵母5 g、清水250 g、猪油15 g(图2-1-2)。   图 2-1-1　工具　　　　　图 2-1-2　原辅料 ❷ 工艺流程 （1）将低筋面粉、奶粉混合均匀,过筛(图2-1-3)。 （2）将干酵母、猪油、白糖放入粉料中拌匀,中间开窝,加入清水拌匀成雪花状,用手揉搓成团(图2-1-4至图2-1-6)。 （3）在案板上反复揉制,至面团光洁,盖上湿毛巾松弛备用(图2-1-7)。 （4）在案板上撒面粉,将面团压扁平,送入压面机,将面团压成光滑平整、厚度适中的面皮(图2-1-8、图2-1-9)。

续表

图 2-1-3　过筛

图 2-1-4　开窝

图 2-1-5　加水拌匀成雪花状

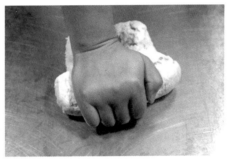

图 2-1-6　揉面成团

图 2-1-7　揉面光滑

图 2-1-8　压面

图 2-1-9　压好的面皮

（5）将面皮平铺于案板上，从长边一端卷起，卷成直径为 6 cm 的剂条，搓成粗细均匀的圆条（图 2-1-10、图 2-1-11）。

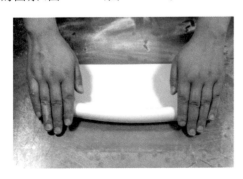

图 2-1-10　面皮卷起

图 2-1-11　搓成圆条

Note

续表

操作步骤	（6）右手握菜刀，用刀根的位置，从剂条左边开始剁剂，剁成 6 cm 宽的剂子，左手顺势将剂子均匀分开，即成奶白馒头生坯（图 2-1-12、图 2-1-13）。 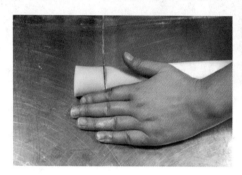  图 2-1-12　剁剂　　　　　　　　　　图 2-1-13　剂子均匀 （7）将馒头生坯垫上包子垫纸，逐个放到蒸盘中，生坯间距均匀，醒发膨大1～1.5倍后放入上汽的蒸柜中，沸水旺火蒸制 8 分钟即可（图 2-1-14）  图 2-1-14　生坯醒发
制品成品	
品质特点	松软可口、奶香四溢、营养丰富
操作重点难点	（1）粉料混合均匀后要过筛。 （2）面团一定要揉匀揉透，揉到光洁。 （3）压面要按要求操作，注意卫生，压面面皮厚度适中，为 1 cm 左右。 （4）醒发适度后再蒸制，蒸制时沸水旺火，中间不能开柜

制订实训
任务工作
方案

工作流程
实施表

组织实训
评价

一、练习

（一）选择题

1. 酵母在发酵中只能利用（　　　）提供养分。

A. 蔗糖   B. 单糖   C. 双糖   D. 多糖

2. 生物发酵工艺中，酸味的主要来源是（　　　）。

A. 酵母菌   B. 霉菌   C. 醋酸菌   D. 乳酸菌

（二）判断题

（　　　）1. 剁剂和切剂是不同的成型方法。

（　　　）2. 除了从生坯体积的变化情况，我们还可以从按压生坯的变化情况、查看生坯底部气孔的程度等方法来判断发酵面团的醒发情况。

二、课后思考

配方中的酵母是否可用别的原料代替？为什么？

任务二
奶油花卷

教学资源包

 明确实训任务

制作奶油花卷。

 实训任务导入

花卷的由来

花卷是一种与包子、馒头类似的中国传统面食,外形像一个有纹路的圆球,组织软而有弹性,与馒头非常相似,只是外形和口味上略有区别。

花卷的面团主料一般为面粉、酵母和水,在制作时,将面粉、酵母和水混合,揉成面团,然后将面团擀成薄片,刷上油,撒少许食盐与其他配料,再将其卷成螺旋形的花瓣,让其发酵后蒸熟即可食用。

南方的花卷制作中多加入奶油、食盐、火腿丁、葱花等,口味甜咸相宜,食用时佐以炼乳,多作为早餐或下午茶点心。

 实训任务目标

(1) 了解奶油花卷的由来。

(2) 熟悉奶油花卷的特点。

(3) 掌握奶油花卷的制作工艺流程、操作要领,能够独立完成奶油花卷的制作任务。

(4) 能做到遵守职业道德、保障食品安全、安全正规操作。

 知识技能准备

一、水调面团制作流程

1. 冷水面团的调制　冷水面团由于使用的是冷水(水温 30 ℃以下),在调制面团时可采用抄拌法,亦可使用调和法。

(1) 抄拌法:将面粉称好,倒入盆中,中间挖出"面塘",往其中加入冷水,同时用左右手抄拌、揉搓,揉成团,再经过反复揉制使得面团表面光滑,形成有劲道,不粘手的状态,用干净湿毛巾盖住,静置松弛即可。

(2) 调和法:将面粉称好,倒入盆中,中间挖出"面塘",往其中加入冷水,将用于调制面团的手五指张开,用手指将要与水接触的面粉往水里拨动,以从内向外划圈的形式拨动面粉,让面粉与水接触充分吸水变稠,避免水到处乱流,然后用手进行揉搓,再经过反复揉制使得面团表面光滑,形成有劲道,不粘手的状态,用干净湿毛巾盖住,静置松弛即可。

2. 温水面团的调制 温水面团使用的是温水(水温 60 ℃左右),将面粉称好倒入盆中,中间挖出"面塘",并往其中加入温水,然后用和冷水面团相同的手法(抄拌法或调和法)调制面团,揉匀揉光滑,盖上干净湿毛巾,静置松弛即可。

3. 热水面团的调制 热水面团是使用沸水调制面团,又称为"烫面"面团。一般有两种调制方法,一是将面粉称好倒入盆中,中间挖出"面塘",将烧好的沸水缓缓加入,边加水边用擀面杖搅拌,使面粉与沸水充分融合,基本搅匀后,倒在案板上,加入少许冷水,揉匀成团,揉好后,需要散热,再揉成团;二是将面粉和水分别称好,将水放入锅中加热煮开,换小火后,往水中倒入面粉,用擀面杖或者其他工具边加边搅拌,至面团烫匀烫透后取出,放在擦油的案板上,用刮刀切小块散热,晾凉后揉匀成团即可使用。

二、蒸

蒸是面点制品中常用的熟制方式之一。将成型或醒发好后的制品生坯放入蒸笼或者蒸柜内,利用水蒸气的对流,传导热量,从而达到使制品成熟的目的。

蒸制主要适用于水调面团、膨松面团、米及米粉类面团等的熟制。如生活中常见的蒸饺、包子、馒头、发糕、马拉盏等。蒸制类点心,具有形态完美,馅心鲜嫩,口感松软(或软糯),营养保留较多,易于消化吸收等特点。

制作奶油花卷

实训产品	奶油花卷	实训地点	中餐面点实训室
工作岗位	中式面点师岗		

操作步骤

❶ 制作准备

(1) 所需工具:蒸柜 1 台、蒸盘 1 个、压面机 1 台、操作台 1 个、醒发箱 1 个、面盆 1 个、码斗 6 个、刮板 1 把、电子秤 1 台、面粉筛 1 个、菜刀 1 把、包子垫纸适量(图 2-2-1)。

(2) 所需原辅料:低筋面粉 400 g、白糖 80 g、干酵母 4 g、水约 180 mL、猪油 15 g、黄油适量(图 2-2-2)。

图 2-2-1 工具

图 2-2-2 原辅料

❷ 工艺流程

(1) 将低筋面粉过筛,置于桌面(图 2-2-3)。

(2) 将面粉开窝,并将干酵母、白糖、猪油放入窝内,加入水拌和成雪花状,用手揉成团(图 2-2-4 至图 2-2-6)。

图 2-2-3 过筛 　　　　　　　　　图 2-2-4 开窝

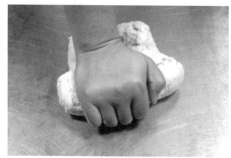

图 2-2-5 加水拌和成雪花状 　　　　图 2-2-6 揉面成团

操　作　步　骤

（3）在案板上反复揉制，至面团光洁，盖上湿毛巾松弛备用（图 2-2-7）。

（4）案板上撒面粉，将面团压扁平，送入压面机，将面团压成光滑平整、厚度适中的面皮（图 2-2-8、图 2-2-9）。

图 2-2-7 反复揉制面团 　　　图 2-2-8 压面 　　　图 2-2-9 压好的面皮

（5）将面皮平铺于案板上，抹上一层薄薄的黄油，卷成圆柱形，收口朝下（图 2-2-10、图 2-2-11）。

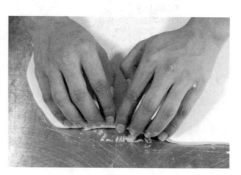

图 2-2-10 面皮抹黄油 　　　　　　图 2-2-11 生坯卷起

续表

<table>
<tr><td rowspan="1">操作步骤</td><td>

（6）提条均匀，右手握菜刀，用刀尖的位置开始切剂，切成 30 克/个的花卷生坯（图 2-2-12、图 2-2-13）。

图 2-2-12　提条　　　　　　　图 2-2-13　切剂

（7）把切好的花卷生坯按花卷的不同成型手法做出造型（图 2-2-14），摆放在刷油的蒸盘里，间距均匀，放入醒发箱醒发。

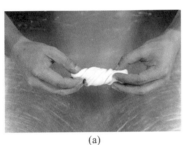 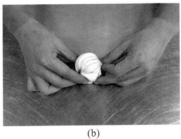

(a)　　　　　　　　　　　(b)

图 2-2-14　生坯造型

（8）将体积膨大 1～1.5 倍的生坯放入上汽的蒸柜中（图 2-2-15），沸水旺火蒸制 10 分钟

图 2-2-15　生坯醒发成熟

</td></tr>
<tr><td>制品成品</td><td>

</td></tr>
</table>

续表

品质特点	造型美观、多样,花卷亮泽松软、奶香浓郁
操作重点难点	(1)粉料混合均匀后要过筛。 (2)面团一定要揉匀揉透,揉到光洁。 (3)压面要按要求操作,注意卫生,压面厚度适中,为 1 cm 左右。 (4)醒发适度再蒸制,蒸制时沸水旺火,中间不能打开蒸柜

制订实训
任务工作
方案

工作流程
实施表

组织实训
评价

练习与思考

一、练习

(一)选择题

1. 酵母发酵面团,加水量少则(   )。

A. 所需发酵时间长   B. 所需发酵时间短

C. 有利于二氧化碳产生   D. 容易被二氧化碳"充气"

2. 下列对发酵面团中酵母菌用量叙述不正确的是(   )。

A. 酵母菌用量越多发酵力越强   B. 酵母菌用量越多,发酵时间越短

C. 酵母菌用量越少发酵力越好   D. 酵母菌用量超过一定限量,发酵力减弱

(二)判断题

(   )1. 花卷中间涂抹黄油是为了增加奶香味。

(   )2. 奶油花卷配方中的白糖,只是为了给花卷赋予甜味,并无其他作用。

二、课后思考

奶油花卷配方中的干酵母是否可以不添加?为什么?

Note

任务三

椰丝花卷

教学资源包

 明确实训任务

制作椰丝花卷。

 实训任务导入

椰丝花卷的由来

花卷是和包子、馒头类似的面食,也是一种经典的家常主食,可以做成椒盐、麻酱、葱油等各种口味。花卷营养丰富,味道鲜美,做法简单。后人为了方便,将做馅心的工序省去,就成了馒头;而有馅心的,则成为包子;捏有很多褶皱像花开一样的,就起名为"花卷"。

海南的面点师充分发挥聪明才智,运用本地盛产的椰子加工而成的椰丝,融入面团中,使发酵面团的酵香味与椰丝的清香甘甜融为一体,二者相得益彰,为花卷增添了更丰富的口味和香味,深受当地百姓的喜爱。

 实训任务目标

(1) 了解椰丝花卷的由来。

(2) 熟悉椰丝花卷的特点。

(3) 掌握椰丝花卷的制作工艺流程、操作要领,能够独立完成椰丝花卷的制作任务。

(4) 能做到遵守职业道德、保障食品安全、安全正规操作。

 知识技能准备

一、水调面团调制标准

1. 冷水面团调制标准　冷水面团调制好后,其面团色泽洁白,爽滑劲道,面团既有弹性又有韧性,延伸性好,适宜制作水饺、馄饨、面条等。

2. 温水面团调制标准　温水面团调制好后,其面团色泽略比冷水面团暗,面团具有一定黏性,弹性较差,韧性介于冷水面团和热水面团之间,制品口感劲道不足,但略软糯,回口微甜,比较适合做蒸饺、烙饼等可塑性较强的点心。

3. 热水面团调制标准　热水面团调制好后,其面团色泽较暗,黏性较大,韧性变差,制品口感软糯,回口微甜,比较适合做锅贴、虾饺、烫面炸糕等点心。

二、椰丝

椰丝是用椰子内部老的果肉加工成的。椰子内部老果肉,即椰壳内倒出椰汁后,与椰壳紧密

 Note

相连的白色果肉部分。椰丝制作是将新鲜椰子取出老的果肉后烧干、压榨椰子油后,再打细成丝状而成,是制造各种不同点心的辅助食材,或者用于制作馅心。椰丝是一种天然食品,含有丰富的氨基酸、维生素、矿物质,气味芳香,口感香脆。深受广大百姓喜爱。

 制作椰丝花卷

实训产品	椰丝花卷	实训地点	中餐面点实训室
工作岗位	中式面点师岗		
操作步骤	**① 制作准备** (1) 所需工具:蒸柜 1 台、蒸盘 1 个、压面机 1 台、操作台 1 个、醒发箱 1 个、面盆 1 个、码斗 6 个、刮板 1 个、电子秤 1 台、面粉筛 1 个、菜刀 1 把、包子垫纸适量(图 2-3-1)。 (2) 所需原辅料:低筋面粉 400 g、白糖 80 g、干酵母 4 g、水约 180 mL、猪油 15 g、椰丝 100 g、黄油适量(图 2-3-2)。   　　图 2-3-1　工具　　　　　　图 2-3-2　原辅料 **② 工艺流程** (1) 将低筋面粉过筛,置于桌面(图 2-3-3)。 (2) 将干酵母、白糖、猪油放入面粉中拌匀,中间开窝,加入水拌和成雪花状,用手揉搓成团(图 2-3-4 至图 2-3-6)。   　　图 2-3-3　过筛　　　　　　图 2-3-4　开窝   图 2-3-5　加水拌和成雪花状　　图 2-3-6　揉搓成团

续表

（3）在案板上反复揉制，至面团光洁（图2-3-7），盖上湿毛巾松弛备用。

（4）案板上撒面粉，将面团压扁平，送入压面机，将面团压成光滑平整厚度适中的面皮（图2-3-8、图2-3-9）。

图2-3-7　反复揉制面团　　　　　图2-3-8　压面　　　　　图2-3-9　压好的面皮

（5）将面皮平铺于案板上，抹上一层薄薄的黄油撒上椰丝，卷成圆柱形，收口朝下（图2-3-10、图2-3-11）。

（6）提条均匀，右手握菜刀，用刀尖的位置开始切剂，切成30克/个的花卷生坯（图2-3-12）。

图2-3-10　面皮抹黄油、撒椰丝　　图2-3-11　生坯卷起　　　　图2-3-12　切剂

（7）把切好的花卷生坯按花卷的不同成型手法做出造型（图2-3-13），摆放在刷油的蒸盘里，间距均匀，放入醒发箱醒发。

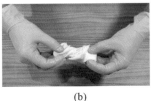

(a)　　　　　　　　　　(b)　　　　　　　　　　(c)

图2-3-13　生坯造型

（8）将体积膨大1～1.5倍的生坯放入上汽的蒸柜中（图2-3-14），沸水旺火蒸制10分钟

图2-3-14　生坯醒发成熟

续表

制品成品	
品质特点	造型美观、变化多样,花卷亮泽松软、椰香浓郁
操作重点难点	(1) 粉料混合均匀后要过筛。 (2) 面团一定要揉匀揉透,揉到光洁。 (3) 压面要按要求操作,注意卫生,压面厚度适中,为 1 cm 左右。 (4) 醒发适度再蒸制,蒸制时沸水旺火,中间不能打开蒸柜

 练习与思考

一、练习

(一)选择题

1. 酵母繁殖的最佳温度是(　　)。

A. 15～20 ℃ 　　　　B. 27～28 ℃ 　　　　C. 32～35 ℃ 　　　　D. 35～39 ℃

2. 在(　　)以下,酵母几乎完全丧失活性。

A. 10 ℃ 　　　　B. 5 ℃ 　　　　C. 15 ℃ 　　　　D. 0 ℃

(二)判断题

(　　)1. 在冬天如果天气太冷,可以用温水调制发酵面团。

(　　)2. 如果天气太热,可以将酵母加入冰水中用于和面。

二、课后思考

椰丝花卷还可以在哪些方面拓展新的品种?

制订实训
任务工作
方案

工作流程
实施表

组织实训
评价

Note

任务四

豆沙包

教学资源包

 明确实训任务

制作豆沙包。

 实训任务导入

豆沙包的由来

豆沙包,也称为豆蓉包,是以红豆沙为馅心的包子类食品,起源于京津的传统小吃,后流传于世,全国各地面食中均有制作。豆沙包以红豆沙加糖炒制成馅心,用发酵小麦面团包裹,蒸制成熟,入口松软,带着豆沙细腻香甜的口感,老人小孩都十分喜爱。

与其他地方的豆沙包不同,海南的面点师在面团中加入了椰浆,制品中融入椰奶的清香,更适合南方人的口味,现今海南的早餐、早茶中都有豆沙包,豆沙包是老百姓早餐常吃的食物之一。

 实训任务目标

(1) 了解豆沙包的由来。

(2) 熟悉豆沙包的特点。

(3) 掌握豆沙包的制作工艺流程,操作要领,能够独立完成豆沙包的制作任务。

(4) 能做到遵守操作规程、安全操作、保证食品安全卫生。

 知识技能准备

一、影响酵母活性的因素之一——温度

在养分充足的情况下,酵母(菌)生长的适宜温度为 27～32 ℃,最适宜温度为 27～28 ℃。因此,面团在前期调制、醒发松弛时,环境温度应控制在 30 ℃以下,这有助于酵母繁殖,为后续醒发积累后劲。酵母的活性随着温度的升高而增强,面团内的产气量也随之增加,当面团温度达到 38 ℃时,产气量达到最大值。因此,面团醒发的温度需控制在 35～39 ℃,有助于酵母快速繁殖,使面团达到膨松状态。

发酵时温度太高,酵母衰老快,也容易产生杂菌,使面团变酸,影响制品品质。若温度太低(10 ℃以下),酵母几乎完全丧失活性。所以,在操作和醒发的过程中,应尽量控制好温度,掌控面团发酵情况。

二、豆沙馅制作方法

1. 制作原料 红小豆 500 g、白糖 500 g、植物油 150 g。

Note

2. 制作方法

（1）红小豆拣去杂质、淘洗干净，入锅加水煮至软烂。

（2）用较粗眼的滤网，将煮软烂的红小豆去皮洗沙，再倒入干净的布袋中滤去多余水分。

（3）将洗出的豆沙、白糖放入不粘锅，置于灶上加热翻炒，边炒边搅拌，待豆沙泥沸腾，调小火，炒至豆沙变稠，分四次加入植物油炒匀，需每次炒匀再加下一次。炒至豆沙浓稠，细腻顺滑，不粘手，即成豆沙馅。

3. 制作要点

（1）煮红小豆时水不能少，水要宽，避免煳锅。

（2）炒豆沙时，豆沙煮沸后要调小火，慢慢翻炒使水分挥发，加油也不要急，让糖分和油脂慢慢吸入豆沙内，炒出的豆沙才能细腻顺滑，否则容易翻砂，渗油。

制作豆沙包

实训产品	豆沙包	实训地点	中餐面点实训室
工作岗位	中式面点师岗		

<table>
<tr><td rowspan="2">操作步骤</td><td>

❶ **制作准备**

（1）所需工具：蒸柜 1 台、蒸盘 1 个、压面机 1 台、操作台 1 个、醒发箱 1 个、面盆 1 个、码斗 6 个、刮板 1 个、电子秤 1 台、面粉筛 1 个、菜刀 1 把、包子垫纸适量（图 2-4-1）。

（2）所需原辅料：低筋面粉 300 g、白糖 80 g、椰浆 30 mL、炼乳 15 g、干酵母 3 g、泡打粉 3 g、水约 150 g、猪油 20 g、豆沙馅 300 g（图 2-4-2）。

図 2-4-1　工具　　　　　　　　図 2-4-2　原辅料

❷ **工艺流程**

（1）将低筋面粉、泡打粉混合均匀过筛（图 2-4-3）。

（2）将干酵母、白糖、猪油放入面粉中拌匀，中间开窝，椰浆、炼乳与水调匀后和面，将面粉拌和成雪花状，用手揉搓成团（图 2-4-4 至图 2-4-6）。

（3）至面团光洁，盖上湿毛巾松弛备用，豆沙馅搓圆，分成 20 克/个备用（图 2-4-7）。

（4）将面团压扁平，送入压面机，将面团压成光滑平整厚度适中的面皮（图 2-4-8）。

（5）将面皮从外侧卷起，卷成圆柱形剂条状，收口朝下，搓条均匀（图 2-4-9、图 2-4-10）。

（6）案板撒面粉，一手托剂条，一手揪剂，将剂子均匀码在案板上，揪完顶上撒少许面粉，将面剂抓匀，盖好湿毛巾备用（图 2-4-11、图 2-4-12）。

</td></tr>
</table>

续表

操作步骤

图 2-4-3 过筛

图 2-4-4 开窝

图 2-4-5 加水拌和成雪花状

图 2-4-6 揉面成团

图 2-4-7 豆沙下剂搓圆

图 2-4-8 压面

图 2-4-9 卷剂条

图 2-4-10 卷好剂条,搓条均匀

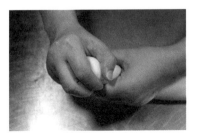

图 2-4-11 揪剂

图 2-4-12 面剂码放整齐

续表

操作步骤	（7）取一个剂子平放，将剂子用手压扁，用擀面杖擀成中间略厚边缘薄，直径为 7～8 cm 的面皮，左手托皮，右手取豆沙馅放入皮中（图 2-4-13、图 2-4-14）。  　　图 2-4-13　擀皮　　　　　　　　图 2-4-14　放馅 （8）右手将皮拢住，左手边转动生坯，右手边收捏合口，待口完全收住，收口朝下，码入蒸盘，放入醒发箱醒发（图 2-4-15、图 2-4-16）。 （9）将体积膨大 1～1.5 倍的生坯放入上汽的蒸柜中（图 2-4-17），沸水旺火蒸制 10 分钟 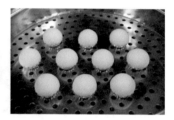 图 2-4-15　包子收口　　　图 2-4-16　成型　　　图 2-4-17　生坯蒸熟
制品成品	
品质特点	色泽洁白，膨松，绵软，有弹性，豆沙馅甜香可口
操作重点难点	（1）面团一定要揉匀揉透，揉到光洁。 （2）包馅成型时，馅心要放皮中间按实，收口时用力要轻不可将馅心挤出，收口收紧捏严实，豆沙包生坯厚薄均匀。 （3）醒发适度再蒸制，蒸制时沸水旺火，时间适当，中间不能打开蒸柜。 （4）生坯最后醒发的时间是根据面团软硬、环境的温度、湿度等因素来决定的

制订实训任务工作方案

工作流程实施表

组织实训评价

练习与思考

一、练习

（一）选择题

1. 面团中放入酵母,酵母即可得到面团中淀粉酶分解的(　　)。

A. 双糖　　　　　　B. 乳糖　　　　　　C. 蔗糖　　　　　　D. 单糖

2. 发酵面团中,酵母菌在(　　)以下繁殖缓慢。

A. 0 ℃　　　　　B. 10 ℃　　　　　C. 25 ℃　　　　　D. 35 ℃

（二）判断题

(　　)1. 发酵面团中,酵母使用量越多,发酵能力越强,发酵时间也越长。

(　　)2. 发酵面团中的酵母,在 pH 越低的环境中,繁殖越快。

二、课后思考

请思考除了温度、pH、渗透压,还有哪些因素对酵母活性有影响?

任务五

奶黄包

教学资源包

 明确实训任务

制作奶黄包。

 实训任务导入

奶黄包的由来

奶黄包又称奶皇包,由于馅心中加入了吉士粉等原料,有浓郁的奶香味和蛋黄味而得名,是起源于广东地区非常有名的传统面食。面团柔软有弹性,馅心细滑、奶香味浓郁,是深受大众喜爱的面食,常出现在早茶或是正餐点心食谱中。

在 1988 年以前,海南隶属于广东省,因此海南的饮食受粤式饮食文化影响深远,奶黄包也流传到了海南。海南和广东的百姓都有喝早茶的习惯,往往喝早茶的时候会点上一笼奶黄包,与家人朋友一起分享。

 实训任务目标

(1) 了解奶黄包的由来。

(2) 熟悉奶黄包的特点。

(3) 掌握奶黄包的制作工艺流程,操作要领,能够独立完成奶黄包的制作任务。

(4) 能做到遵守操作规程、安全操作、保证食品安全卫生。

 知识技能准备

一、影响酵母活性的因素之一——pH 值

酵母(菌)适宜在酸性条件(pH 4～6)下生长,在碱性条件下其活性大大降低。一般面团的 pH 值控制在 5～6 是最佳范围,pH 值低于 4 或者高于 8,酵母的活性都会受到抑制。

二、奶黄馅制作方法

1. 制作原料　鸡蛋 500 g、白糖 500 g、面粉 250 g、鲜牛奶 550 g、吉士粉 50 g、色素和香兰素少许。

2. 制作方法　鸡蛋、白糖加入盆中搅匀,加入鲜牛奶搅至糖化后,加入面粉,边加边搅拌,加入吉士粉、色素和香兰素,继续搅匀后倒入锅中,锅置于炉灶上,小火边加热边搅拌,搅拌至面粉完全糊化成熟即可,倒出晾凉。

3. 制作要点

(1) 香精的使用需在国家规定安全范围内,不可超标超量。

（2）吉士粉可以增色、增香、增稠。

（3）锅放火上加热时，要小火，边加热边搅拌，避免煳锅。

 制作奶黄包

实训产品	奶黄包	实训地点	中餐面点实训室
工作岗位	中式面点师岗		
操作步骤	❶ **制作准备** （1）所需工具：蒸柜 1 台、蒸盘 1 个、压面机 1 台、操作台 1 个、醒发箱 1 个、面盆 1 个、码斗 6 个、刮板 1 个、电子秤 1 台、面粉筛 1 个、菜刀 1 把、包子垫纸适量（图 2-5-1）。 （2）所需原辅料：低筋面粉 500 g、白糖 80 g、水约 200 g、干酵母 5 g、猪油 20 g、奶黄馅 400 g（图 2-5-2）。  　　图 2-5-1　工具　　　　　图 2-5-2　原辅料 ❷ **工艺流程** （1）将低筋面粉过筛（图 2-5-3）。 （2）将面粉开窝，干酵母、白糖、猪油放入面粉中加入水调匀溶化后和面，将面粉拌和成雪花状，用手揉搓成团（图 2-5-4 至图 2-5-6）。  　　图 2-5-3　过筛　　　　　图 2-5-4　开窝  图 2-5-5　加水拌和成雪花状　　图 2-5-6　揉面成团

续表

（3）在案板上反复揉制，至面团光洁，盖上湿毛巾松弛备用，奶黄馅搓匀，分成 20 g 每个备用（图 2-5-7、图 2-5-8）。

图 2-5-7　揉制面团光洁

图 2-5-8　奶黄馅剂子

（4）案板上撒面粉，将面团压扁平，送入压面机，将面团压成光滑平整厚度适中的面皮（图 2-5-9、图 2-5-10）。

图 2-5-9　压面

图 2-5-10　压好的面皮

（5）将面皮从外侧卷起，卷成圆柱形剂条状，收口朝下，搓条均匀下剂（图 2-5-11、图 2-5-12）。

（6）案板撒面粉，一手托剂条，一手揪剂，将剂子均匀码在案板上（图 2-5-13），揪完顶上撒少许面粉，将面剂抓匀，湿毛巾盖好备用。

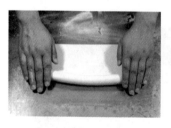

图 2-5-11　卷成圆柱形

图 2-5-12　搓条均匀

图 2-5-13　下剂码放整齐

（7）取一个剂子平放，将剂子用手压扁，用擀面杖擀成中间略厚边缘薄、直径为 7～8 cm 的面皮，右手托皮，左手取一个奶黄馅放入皮中（图 2-5-14、图 2-5-15）。

图 2-5-14　擀皮

图 2-5-15　包馅

操
作
步
骤

Note

续表

操作步骤	（8）右手将皮拢住，左手边转动生坯，右手边收捏合口，待口完全收住，收口朝下，码入蒸盘，放入醒发箱醒发（图 2-5-16、图 2-5-17）。 （9）将体积膨大 1～1.5 倍的生坯放入上汽的蒸柜中（图 2-5-18），沸水旺火蒸制 10 分钟 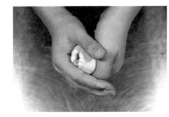　　 图 2-5-16　包子收口　　　图 2-5-17　成型　　　图 2-5-18　生坯蒸熟
制品成品	
品质特点	色泽洁白、膨松、绵软、有弹性、馅心甜香可口
操作重点难点	（1）面团一定要揉匀揉透，揉到光洁。 （2）包馅成型时，馅心要放皮中间按实，收口时用力要轻不可将馅心挤出，收口收紧捏严实，奶黄包生坯厚薄均匀。 （3）醒发适度再蒸制，蒸制时沸水旺火，时间适当，中间不能打开蒸柜。 （4）生坯最后醒发的时间是根据面团软硬、环境的温度、湿度等因素来决定的

 练习与思考

一、练习

（一）选择题

1. 当面团温度达到（　　）时，产气量达到最大。

A. 35 ℃　　　　　　　B. 39 ℃　　　　　　　C. 38 ℃　　　　　　　D. 32 ℃

2. 酵母与（　　）放在一起不会影响其活性。

A. 冰水　　　　　　　B. 常温水　　　　　　C. 高浓度糖水　　　　D. 高浓度盐水

（二）判断题

（　　）1. 面团中的酵母繁殖，利用的是面团中淀粉酶分解后的蔗糖。

（　　）2. 发酵面团中的酵母，在 pH 值 5～6 的环境中，繁殖最快。

二、课后思考

如何正确掌控白糖和食盐对酵母发酵的影响？

制订实训任务工作方案

工作流程实施表

组织实训评价

任务六

芋蓉包

教学资源包

 明确实训任务

制作芋蓉包。

 实训任务导入

芋蓉包的由来

芋头又称青芋、芋艿,是天南星科植物的地下球茎,原产中国、印度、东南亚等地区。我国种植芋头的历史较为悠久,《史记》记载:"岷山之下,野有蹲鸱,至死不饥,注云芋也。盖芋魁之状若鸱之蹲坐故也"。

我国的芋头种植主要分布于南方及华北地区,其中江苏兴化的龙香芋头、广西荔浦的荔浦芋头最为著名。因其富含蛋白质、钙、磷、铁、钾、镁、钠、胡萝卜素、维生素等多种营养成分,可提高机体抵抗力,被视为主要食材。中医亦认为芋头味辛、甘,性平,具有健脾补虚,散结解毒之功效。

在烹饪中,对芋头的利用形式多种多样,可单独成菜,也可用作配料,点心中多用来制馅心。将芋头蒸熟捣烂后,根据需要加入各种配料,即成所需馅料,包入发酵面团中,蒸熟后的芋蓉包,是老少皆宜的佳点。

 实训任务目标

(1)了解芋蓉包的由来。

(2)熟悉芋蓉包的特点。

(3)掌握芋蓉包的制作工艺流程、操作要领,能够独立完成芋蓉包的制作任务。

(4)能做到遵守操作规程、安全操作、保证食品安全卫生。

 知识技能准备

一、影响酵母活性的因素之一——渗透压

酵母(菌)细胞外围有一半透性细胞膜,酵母细胞是通过此细胞膜以渗透的方式获得营养物质的,外界浓度的高低将会影响酵母的活性。高浓度的白糖、食盐都有可能造成细胞膜内部渗透压低于外部渗透压,从而使得酵母细胞内部水分流失而"脱水",从而抑制酵母的繁殖,甚至死亡。因此,在调制面团时,不要将酵母放入高浓度的白糖或盐水溶液中,避免影响酵母活性。

二、芋蓉馅制作方法

1. 制作原料 芋头 500 g、白糖 120 g、奶油 100 g、纯牛奶 150 g。

Note

2．制作方法

（1）芋头洗净去皮，切厚片，上蒸柜蒸软烂。

（2）将芋泥放入搅拌缸内，加入白糖、奶油搅拌均匀，白糖溶化，再加入适量牛奶调整馅料软硬即可。

3．制作要点

（1）芋头需要挑选略老一点，粉质的芋头，口感才会比较粉糯，不会太黏。

（2）若想让馅料更细腻，口感更好，芋泥可以过滤后再调味。

（3）牛奶的量并非需要全部加完，根据芋泥软硬决定牛奶的使用量，不够软可以再适当增加。

 制作芋蓉包

实训产品	芋蓉包	实训地点	中餐面点实训室
工作岗位	中式面点师岗		
操作步骤	❶ **制作准备** （1）所需工具：蒸柜 1 台、蒸盘 1 个、压面机 1 台、操作台 1 个、醒发箱 1 个、面盆 1 个、码斗 6 个、刮板 1 个、电子秤 1 台、面粉筛 1 个、菜刀 1 把、包子垫纸适量（图 2-6-1）。 （2）所需原辅料：低筋面粉 500 g、白糖 80 g、干酵母 5 g、香芋香精 10 g、水约 200 g、猪油 20 g、芋蓉馅 300 g（图 2-6-2）。  　图 2-6-1　工具　　　　　　　图 2-6-2　原辅料 ❷ **工艺流程** （1）将低筋面粉过筛（图 2-6-3）。 （2）将面粉开窝，加入干酵母、白糖、猪油、水调匀后和面，将面粉拌和成雪花状，用手揉成团，揉成团的面团分三分之一，加少许香芋香精调成紫色面团（图 2-6-4 至图 2-6-7）。 （3）面团在案板上反复揉制，至面团光洁，盖上湿毛巾松弛备用，芋蓉馅搓匀，分成 20 g 每个备用（图 2-6-8）。 （4）案板上撒面粉，分别将两个面团压扁平，送入压面机，将白色面团压成光滑平整略厚近长方形的面皮，将面皮放在桌上，面上刷少许水，将紫色面皮压到略小于白色面皮，放于白色面皮上方使其贴合，至厚薄适中（图 2-6-9、图 2-6-10）。 （5）将面皮从外侧卷起，卷成圆柱形剂条状，收口朝下，切剂均匀（图 2-6-11、图 2-6-12）。 （6）案板撒面粉，将剂子均匀码在案板上，用擀面杖擀成中间稍厚，边缘稍薄的圆形皮子备用（图 2-6-13）。

操作步骤

图 2-6-3　过筛　　　　　　　　图 2-6-4　开窝

 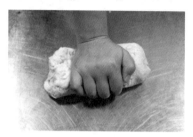

图 2-6-5　加水拌和成雪花状　　　　图 2-6-6　白色面团成型

 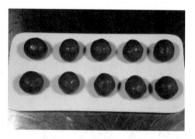

图 2-6-7　紫色面团成团　　　　　图 2-6-8　搓芋蓉馅

 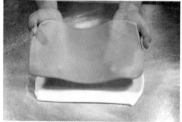

图 2-6-9　压面　　　　　　　　图 2-6-10　两块面皮折叠

图 2-6-11　卷剂条　　　　图 2-6-12　切剂均匀　　　　图 2-6-13　擀皮

Note

续表

操作步骤	（7）右手托皮,左手取一个芋蓉馅放入皮中(图 2-6-14)。 （8）右手将皮拢住,左手边转动生坯,右手边收捏合口,待口完全收住,收口朝下,码入蒸盘,放入醒发箱醒发(图 2-6-15)。 （9）将体积膨大 1～1.5 倍的生坯放入上汽的蒸柜中(图 2-6-16),沸水旺火蒸制 10 分钟 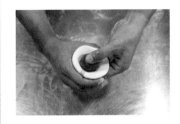　　　　 图 2-6-14　放馅　　　　图 2-6-15　包馅收口成型　　　　图 2-6-16　生坯蒸熟
制品成品	
品质特点	造型美观,外皮白紫相间的螺旋状,包子口感膨松绵软、略有弹性、芋蓉馅香甜可口
操作重点难点	（1）面团一定要揉匀揉透,揉到光洁。 （2）包馅成型时,馅心要放皮中间按实,收口时用力要轻不可将馅心挤出,收口收紧捏严实,收口压在底部。 （3）醒发适度再蒸制,蒸制时沸水旺火,时间适当,中间不能开柜。 （4）生坯最后醒发的时间是根据面团软硬、环境的温度、湿度等因素来决定的

 练习与思考

一、练习

（一）选择题

1. 鲜酵母保存的温度为（　　　）。

A. −4～4 ℃　　　B. 5 ℃　　　　　　C. −5 ℃　　　　　　D. 5～10 ℃

2. 酵母可以直接利用的糖是（　　　）。

A. 淀粉　　　　　B. 单糖　　　　　　C. 麦芽糖　　　　　D. 蔗糖

Note

（二）判断题

（　　）1. 面团中水加的少，面团变硬，发酵时间会延长。

（　　）2. 干酵母由于方便储藏运输，活性高、活性稳定、发酵快而今被广泛运用。

二、课后思考

如何正确掌控白糖和食盐对酵母发酵的影响？

任务七

提褶包

 明确实训任务

制作提褶包。

 实训任务导入

教学资源包

提褶包的由来

提褶包起源于我国江南地区,因造型美观、味道鲜美而为人所知,现各地方面点中均有制作,是酒店茶肆颇受欢迎的点心之一,而制作提褶包,因其难度较大,也成为每一位面点师必备的技能。

提褶包集中华面点之大成,其面皮借鉴发酵面团的制法,并加入白糖、猪油等调整面团状态;馅心借鉴各地肉馅制法;成型上借鉴江南船点手法。成熟后的提褶包色泽洁白、膨松柔软、褶皱均匀、饱满多汁。形态也很美观,有荸荠肚、鲫鱼嘴、剪刀褶等。

 实训任务目标

(1) 了解提褶包的由来。

(2) 熟悉提褶包的特点。

(3) 掌握提褶包的制作工艺流程、操作要领,能够独立完成提褶包的制作任务。

(4) 能做到严格遵守操作规程、安全操作、操作过程整洁卫生。

 知识技能准备

一、影响酵母活性的因素之一——水

水是酵母生长繁殖所必需的物质,许多营养物质都需要借助水的介质作用而被酵母吸收,因此,调粉时加水量较多,面团较软,发酵速度也较快。

二、鲜肉馅制作方法

1. 制作原料 去皮猪肉 500 g、酱油 50 g、葱花 100 g、姜末 20 g、香油 50 g、葱姜水 250 g,食盐、味精适量。

2. 制作方法

(1) 猪肉剁馅。

(2) 加酱油、食盐、姜末、味精拌匀。

(3) 分次加入葱姜水 250 g,顺一个方向搅拌,至水分吸收,肉馅变黏稠。

（4）放入葱花、香油拌匀即成馅心。

3. 制作要点

（1）制馅加葱姜水时，要少量多次，每次搅匀后再添加下一次，保证馅心油润鲜嫩。

（2）包馅成型时，要皮匀馅正，提褶要均匀美观，不要漏汤漏汁。

制作提褶包

实训产品	提褶包	实训地点	中餐面点实训室
工作岗位	中式面点师岗		
操作步骤	① **制作准备** （1）所需工具：蒸柜 1 台、蒸盘 1 个、压面机 1 台、操作台 1 个、醒发箱 1 个、面盆 1 个、码斗 6 个、刮板 1 个、电子秤 1 台、面粉筛 1 个、菜刀 1 把、包子垫纸适量（图 2-7-1）。 （2）所需原辅料：低筋面粉 500 g、干酵母 6 g、白糖 30 g、泡打粉 5 g、水 240 g、酱色鲜肉馅 600 g（图 2-7-2）。  　图 2-7-1　工具　　　　图 2-7-2　原辅料 ② **工艺流程** （1）将低筋面粉、泡打粉混合均匀过筛（图 2-7-3）。 （2）将干酵母、白糖放入面粉中拌匀，中间开窝，加入水拌和成雪花状，用手揉搓成团（图 2-7-4 至图 2-7-6）。  　图 2-7-3　过筛　　　　图 2-7-4　开窝 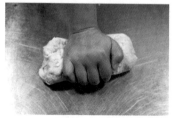 图 2-7-5　加水拌和成雪花状　　图 2-7-6　揉搓成团			

续表

（3）在案板上反复揉制，将面团用压面机压制光滑（图2-7-7），盖上湿毛巾，松弛备用。

（4）松弛后的面团搓成粗细均匀的长条，揪出大小均匀的剂子，码放整齐（图2-7-8、图2-7-9）。

图 2-7-7　压面光滑　　　　　图 2-7-8　揪剂　　　　　图 2-7-9　面剂码放整齐

（5）将剂子用手压扁，用擀面杖擀成中间略厚边缘薄、直径为 7～8 cm 的圆皮，左手托皮，挑馅 30 g 左右放置于皮中间处（图2-7-10、图2-7-11）。

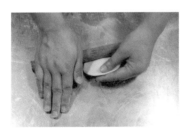　

图 2-7-10　擀皮　　　　　　　图 2-7-11　放馅

（6）右手拇指和食指沿边边包边提褶，捏出 18～26 个褶洞，并收口呈鲫鱼嘴（图2-7-12、图2-7-13）。

（7）将包好的包子生坯垫上纸，逐个放到蒸盘中，间距均匀（图2-7-14），放入醒发箱醒发。

图 2-7-12　捏制　　　　　图 2-7-13　成型　　　　　图 2-7-14　生坯装盘

（8）将体积膨大 1～1.5 倍的生坯放入上汽的蒸柜中，沸水旺火蒸制 10 分钟

操作步骤

制品成品

续表

品质特点	形态饱满,馅心居中,褶纹清晰均匀,不少于 18 个褶子,收口自然小巧,馅心咸鲜味美
操作重点难点	(1) 粉料混合均匀后要过筛。 (2) 面团一定要揉匀揉透,揉到光洁。 (3) 包馅成型一定要注意手法,收口收好。 (4) 醒发适度再蒸制,蒸制时沸水旺火,中间不能打开蒸柜

制订实训
任务工作
方案

工作流程
实施表

组织实训
评价

练习与思考

一、练习

(一) 选择题

1. 影响酵母活性的因素有(　　)。

A. 温度　　　　　　　　B. 渗透压　　　　　　　　C. pH 值　　　　　　　　D. 水分

2. 鲜酵母与干酵母的用量换算比是(　　)。

A. 1∶2　　　　　　　　B. 1∶3　　　　　　　　C. 2∶1　　　　　　　　D. 3∶1

(二) 判断题

(　　)1. 面粉中含有淀粉酶、蔗糖酶、麦芽糖酶,在面团发酵时可分解淀粉、蔗糖、麦芽糖,供酵母利用。

(　　)2. 鲜酵母常温下可保存 1 个月。

二、课后思考

在不同情况下如何选择和使用酵母?

任务八

秋叶包

教学资源包

 明确实训任务

制作秋叶包。

 实训任务导入

秋叶包的由来

秋叶包又叫树叶包,是我国著名面食,形似秋叶,面团膨松,馅心鲜香。面团采用常见的发酵面团,馅心则可荤可素,肉馅、素馅以及豆沙等各种甜馅均可。秋叶包可作为早餐主食,也可以作为茶点使用。

 实训任务目标

(1) 能理解生物膨松面团发酵的原理和要求。

(2) 能介绍秋叶包的品质特点及制品的应用范围。

(3) 能根据制品特点及操作方法选用适合的原材料。

(4) 能根据教师示范,按照操作流程独立完成制品的制作任务。

(5) 培养学生严谨细致、独立自主的工作作风。

 知识技能准备

一、影响酵母活性的因素之一——营养物质

发酵面团中的淀粉,经过淀粉酶、蔗糖酶、麦芽糖酶等的分解,成为单糖,作为营养物质被酵母吸收利用。面团中添加的蔗糖,通过蔗糖酶的分解,成为单糖,作为营养物质被酵母吸收利用。

影响酵母活性的最重要营养源就是氮素源。因此,目前国内外研制的面团改良剂中大多含有硫酸铵或磷酸铵等铵盐,能在发酵过程中提供氮素源,促进酵母繁殖、生长和发酵。

二、水

1. 水的硬度 根据水的硬度不同,我们通常会挑选中硬度的水来制作面点制品。水的硬度是以 1 L 水含有氧化钙的质量(mg)毫克数来进行评价的。1 度是指 1 L 水中含有 10 mg 氧化钙,中硬度水为 8～12 度。

2. 水的作用

(1) 与面筋蛋白相遇,形成面筋,构成面团骨架,便于淀粉膨胀糊化,增强可塑性,而且易于人体消化吸收。

Note

（2）溶解各种干性原料，便于各种原料，充分混合均匀。

（3）调节和控制面团的软硬和温度。

（4）有利于酵母的发酵和增殖。

（5）作为传热介质，能保持制品柔软、湿润，延长储存期。

 制作秋叶包

实训产品	秋叶包	实训地点	中餐面点实训室
工作岗位	中式面点师岗		
操作步骤	❶ 制作准备 （1）所需工具：蒸柜 1 台、蒸盘 1 个、压面机 1 台、操作台 1 个、醒发箱 1 个、面盆 1 个、码斗 6 个、刮板 1 个、电子秤 1 台、面粉筛 1 个、菜刀 1 把、砧板 1 个、包子垫纸适量（图 2-8-1）。 （2）所需原辅料：低筋面粉 400 g、白糖 30 g、干酵母 4 g、水 150 mL、猪油 20 g、酱肉馅 200 g（图 2-8-2）。 　 图 2-8-1　工具　　　　　　　图 2-8-2　原辅料 ❷ 工艺流程 （1）将低筋面粉过筛（图 2-8-3）。 （2）粉料开窝，窝内倒入白糖、干酵母、水，搅拌至白糖完全溶化（图 2-8-4）。 　 图 2-8-3　过筛　　　　　　　图 2-8-4　开窝加入辅料 （3）在面团中加入猪油，揉匀成团（图 2-8-5 至图 2-8-7）。 （4）制馅料：五花肉馅加入调料制成酱肉馅拌匀备用（图 2-8-8）。			

续表

图 2-8-5　加入猪油

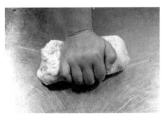
图 2-8-6　揉面成团

图 2-8-7　面团揉光滑

(a)

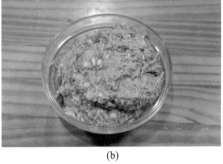
(b)

图 2-8-8　调制肉馅

操作步骤

（5）将面团分割为 30 克/个的剂子，切面朝上，手掌按扁，用擀面杖擀出面皮，挑约 30 g 馅料放入皮中，将一端捏成秋叶梗，再用手沿两边，一边一褶均匀地向前推捏，直至捏到叶尖，即为生坯（图 2-8-9 至图 2-8-11）。

图 2-8-9　下剂

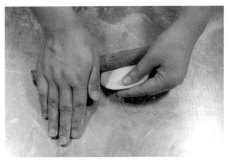
图 2-8-10　擀皮

(a)

(b)

(c)

图 2-8-11　包馅成型

续表

操作步骤	（6）将生坯底部垫纸放入干净的蒸盘醒发膨大 1～1.5 倍，放入提前预热已经上汽的蒸柜内，沸水旺火蒸制 10 分钟即可（图 2-8-12）  图 2-8-12　生坯蒸熟
制品成品	
品质特点	色泽洁白、形似树叶，松软可口、酱香味浓郁，老少皆宜
操作重点难点	（1）原料选择应符合制品要求：酵母保存良好，没有失活。 （2）馅料应新鲜，咸鲜适口。 （3）包子应醒发适度后再蒸制，不然容易发僵发硬。 （4）白糖在面皮中的作用不是增加甜味，是为酵母前期繁殖提供养料

 练习与思考

一、练习

（一）选择题

1. 春秋季发酵面团时，500 g 面粉加（　　）酵母。

A. 10 g　　　　　　　B. 5 g　　　　　　　C. 2 g　　　　　　　D. 12 g

2. 秋叶包中白糖的作用是（　　）。

A. 给酵母提供养料　　　　　　　　　B. 使面粉增加劲道

C. 使面团变甜　　　　　　　　　　　D. 让面团更洁白

（二）判断题

（　　）1. 醒发箱使用前，无须进行预热调温。

（　　）2. 制作过程中因为包子底部要垫纸，所以蒸盘可以不用清洁。

二、课后思考

秋叶包配方中哪些原料为关键原料，不可缺少？哪些原料可以用别的原料替换？

项目三
酥点类制品

【项目目标】

1. 知识目标

（1）能准确表述海南酥点类面点的选料方法。

（2）能正确讲述与海南酥点类面点相关的饮食文化。

（3）能介绍海南酥点类面点的成品特征及应用范围。

2. 技能目标

（1）掌握酥点类面点的选料方法、选料要求。

（2）能对酥点类面点的原料进行正确搭配。

（3）能采用正确的操作方法，按照制作流程独立完成酥点类面点的制作任务。

（4）能运用合适的调制方式完成酥点类面团并制作相关制品。

3. 思政目标

（1）形成安全意识、卫生意识，树立爱岗敬业的职业意识。

（2）在酥点类制品的制作过程中，体验劳动、热爱劳动。

（3）在对酥点类面点制品相关故事的研究和制品制作的实践中感悟海南特色本土烹饪文化。

（4）在酥点类面点制作中互相配合、团结协作，体验真实的工作过程。

任务一

道口酥

教学资源包

 明确实训任务

制作道口酥。

 实训任务导入

道口酥的由来

道口酥也称为"到口酥",是古代面点。清代《食宪鸿秘》已有记载,名为"松子饼"。做法:酥油十两,化开,倾盆内,入白糖七两,用手擦极匀。白面一斤,和成剂,擀作小薄饼,拖炉微火烤之即成。

在二十世纪五十年代至七十年代初期,道口酥一直是人们生活中的奢侈品,乡亲们将其与炒糖果、广东饼等甜味食品统称为"点心",是过年过节、走亲访友的送礼佳品。

 实训任务目标

(1)能理解乳化技术的原理和要求。
(2)能介绍道口酥的品质特点及制品的应用范围。
(3)能正确根据制品特点及操作方法选用原材料。
(4)能根据教师示范,按照操作流程独立完成制品的制作任务。
(5)培养学生严谨细致的工作作风。

 知识技能准备

一、乳化技术

乳化技术是将两种不同的原料进行混合,使一种原料中的微粒粉碎成细小球滴,然后分散到另一种原料的微粒之中,而成为乳化液。在焙烤食品原料混合中,大多数乳化物质为水与油的混合物,但水不一定是纯水,可能含有糖、盐或其他有机物或胶体,油也可能混有各种脂类物质。为了加速乳化,形成稳定的乳化液,在操作时采取添加乳化剂或者借用均质机的机械力量,以达到稳定乳化的效果。

二、猪油

猪油又称大油、白油,属于油脂中的"脂",是用猪的皮下脂肪或者内脏脂肪等脂肪组织加工炼制而成的。猪油常温下呈软膏状,乳白色或稍带黄色,低温时为固态,高温时为液态,其熔点为28～48 ℃。猪油主要由饱和高级脂肪酸甘油酯与不饱和高级脂肪酸甘油酯组成,其中饱和高级

Note

脂肪酸甘油酯含量更高。在人体中的消化吸收率较高,可达 95％ 以上,是维生素 A 和维生素 D 含量很高的原料。猪油所含的脂肪比例小于黄油,较适合缺乏维生素 A 的人群。中医认为猪油有补虚、润燥、解毒的作用,在面点制作工艺中用途较广。优良的猪油在液态时透明、清澈,在固态时呈白色的软膏状,有光泽,无杂质,脂肪含量为 99％。

制作道口酥

实训 产品	道口酥	实训地点	中餐面点实训室
工作 岗位	中式面点师岗		

操作步骤

❶ 制作准备

(1) 所需工具:烤箱 1 台、烤盘 2 个、操作台 1 个、面盆 1 个、码斗 5 个、刮板 1 个、电子秤 1 台、面粉筛 1 个、油纸数张(图 3-1-1)。

(2) 所需原辅料:猪油 225 g、白糖 200 g、鸡蛋 2 个、低筋面粉 350 g、奶粉 30 g、吉士粉 15 g、泡打粉 5 g、小苏打 4 g、臭粉 1 g、白芝麻 60 g(图 3-1-2)。

图 3-1-1　工具　　　　　　　　图 3-1-2　原辅料

❷ 工艺流程

(1) 将低筋面粉、奶粉、吉士粉、泡打粉混合均匀过筛(图 3-1-3)。

(2) 粉料开窝,窝内倒入猪油和白糖稍搓(图 3-1-4 至图 3-1-6)。

图 3-1-3　过筛　　　　　　　　图 3-1-4　开窝

图 3-1-5　加入猪油和白糖　　　　图 3-1-6　稍搓

续表

（3）分次加入鸡蛋,乳化均匀后加入小苏打、臭粉搅拌均匀（图3-1-7）。

(a)　　　　　　　　　　(b)

图 3-1-7　加入小苏打、臭粉搅拌均匀

（4）采用复叠法将粉料收拢反复叠压至均匀无颗粒、整理成型（图3-1-8、图3-1-9）。

图 3-1-8　反复叠压　　　　　　　**图 3-1-9　整理成型**

（5）将面团分割为10克/个的剂子,稍搓,粘上芝麻后搓圆（图3-1-10至图3-1-12）。

图 3-1-10　分割　　　　**图 3-1-11　下剂**　　　　**图 3-1-12　粘芝麻后搓圆**

（6）均匀放入烤盘内,轻压成扁圆形（图3-1-13）。

（7）烤箱上火160 ℃,下火150 ℃,烘烤约20分钟,上色后取出晾凉即可（图3-1-14）

图 3-1-13　压成扁圆形　　　　　**图 3-1-14　焙烤**

操作步骤

制品成品	
品质特点	口感酥脆,味道香甜,有猪油特有的香味和浓郁的芝麻香气
操作重点难点	(1)原料选择应符合制品要求:猪油洁白细腻,有特殊香味,面粉为优质低筋面粉,芝麻颗粒饱满,无异味。 (2)食品添加剂使用得当,不能超过国家标准范围。 (3)原料乳化适当,不泄油。 (4)烘烤温度、时间把握得当

 练习与思考

一、练习

(一)选择题

1. 猪油的熔点为(　　)。

A. 10~15 ℃ 　　　 B. 15~20 ℃ 　　　 C. 28~48 ℃ 　　　 D. 50 ℃以上

2. 道口酥应选用(　　)制作。

A. 低筋面粉 　　　 B. 中筋面粉 　　　 C. 高筋面粉 　　　 D. 全麦粉

(二)判断题

(　　)1. 烤箱使用前需要先进行预热。

(　　)2. 制作过程中采用复叠法是为了干净卫生。

二、课后思考

道口酥配方中哪些原料为关键原料,不可缺少?为什么?

制订实训
任务工作
方案

工作流程
实施表

组织实训
评价

Note

任务二

核桃酥

教学资源包

 明确实训任务

制作核桃酥。

 实训任务导入

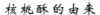

核桃酥的由来

核桃酥又称桃酥,是老式点心代表之一,最早是宫廷贡品,口味具有酥、脆、香、甜的特点,是人们喜爱的一款点心。相传在唐朝初期,很多平民百姓离家在外做陶工,有一位农民自己从家里带了一些面粉作为干粮。他将面粉搅拌后放在窑炉表面烘熟,由于此人常年有咳疾,平日里就有食用核桃仁止咳的习惯。因此在面粉里又加入了核桃仁,这样做出的干粮易于日常保存,久放不坏,而且也非常适合在长途运输陶器时充饥。这种方法,在工友之间口口相传,得到了一致的好评,故取其意,名曰"陶酥"又称"桃酥"。之后随着陶器的运送,每到一个地方,当地百姓见到核桃酥都非常喜爱。到了唐宝历年间,桃酥制作工艺更加成熟,口感更好,被传至皇宫中,成为宫廷常见的一款点心,后被称为"宫廷桃酥",面点师会根据自己的喜好加入或减去核桃仁。

 实训任务目标

(1)了解核桃酥的由来。

(2)熟悉核桃酥的特点。

(3)掌握核桃酥的制作工艺流程、操作要领,能够独立完成核桃酥的制作任务。

(4)能做到遵守操作规程、严格规范操作和保持原料的干净卫生。

 知识技能准备

一、膨松技术

焙烤食品的原料必须通过使用生物膨松剂、化学膨松剂,采用机械叠压、搅打或加压等物理膨胀方式,使原料的体积及质感发生变化,由紧密变膨松、由小变大,从而达到各种焙烤食品各自不同的要求。常用的方法如下。

1. 生物膨松法 利用酵母的发酵作用产生气体,使面团膨松。

2. 化学膨松法 利用化学膨松剂,如小苏打、泡打粉、臭粉等加到面团中,在加热过程中这些物质受热分解,放出气体,使制品形成多孔状的膨松物质。

3. 物理膨松法 用具有胶体性质的蛋清做介质,通过高速搅打的物理运动充气方式使面团膨松。

4. 混合膨松法等　将生物膨松法、化学膨松法、物理膨松法混合共用的工艺,让面团达到膨松的方法。

二、糖

1. 糖的种类　糖的种类很多,有干性糖和湿性糖之分,如白砂糖、红砂糖(黑糖)、绵白糖、糖粉、葡萄糖等具有颗粒或粉末状的糖称为干性糖;果糖、玉米糖、枫糖浆、麦芽糖、焦糖等液体或半液体状态的糖即称为湿性糖。

2. 糖在面点中的作用

(1) 增加制品甜味,提高营养价值:糖在面点制品中具有增加甜味的作用,其营养价值在于它的热量,如 100 g 糖在人体内可产生 1.67 kJ 的热量。

(2) 改善面点色泽,美化面点外观:蔗糖具有在 170 ℃ 以上生成焦糖的特性,因此,加入糖的制品容易产生金黄色或黄褐色。

(3) 调节面筋筋力,控制面团性质:糖具有渗透性,面团中加入糖,不仅可吸收面团中的游离水,而且还易渗透到吸水后的蛋白质分子中,使面筋蛋白质中的水分减少,面筋形成度降低,面团弹性减弱。

(4) 调节面团发酵速度:糖可作为发酵面团中酵母菌的营养物,促进酵母菌的生长繁殖,产生大量的二氧化碳气体,使制品膨松。

(5) 防腐作用:对于有一定糖浓度的制品(如各种果酱等),糖的渗透性能使微生物脱水,细胞发生质壁分离,产生生理干燥现象,使微生物的生长受到抑制,能减少微生物对制品造成的腐败。

 制作核桃酥

实训产品	核桃酥	实训地点	中餐面点实训室
工作岗位	中式面点师岗		
操作步骤	❶ **制作准备** (1) 所需工具:烤箱 1 台、烤盘 1 个、操作台 1 个、不锈钢盆 5 个、刮刀 1 把、刮板 1 把、电子秤 1 台、面粉筛 1 个、打蛋器 1 个(图 3-2-1)。 (2) 所需原辅料:黄奶油 50 g、猪油 65 g、白糖 150 g、蛋液 30 g、低筋面粉 250 g、小苏打 2 g、臭粉1 g、泡打粉 5 g、核桃仁 50 g、黑芝麻适量(图 3-2-2)。  图 3-2-1　工具　　　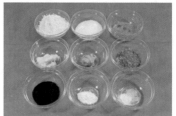 图 3-2-2　原辅料 ❷ **工艺流程** (1) 将低筋面粉、小苏打、臭粉、泡打粉混合均匀过筛(图 3-2-3)。 (2) 核桃仁放入上下火均为 170 ℃ 的烤箱烘烤 5 分钟后,晾凉备用(图 3-2-4)。			

续表

图 3-2-3　过筛　　　　　　　　　　图 3-2-4　烘烤核桃仁

（3）将室温软化的黄奶油、猪油、白糖放入不锈钢盆中，使用打蛋器搅拌至无颗粒膨松状（图 3-2-5、图 3-2-6）。

图 3-2-5　加入白糖　　　　　　　图 3-2-6　搅拌至糖化

（4）分两次加入蛋液，搅拌至蛋液完全吸收，面团顺滑（图 3-2-7、图 3-2-8）。

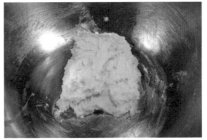

图 3-2-7　分次加入蛋液　　　　　图 3-2-8　搅拌至面团顺滑

（5）加入过筛的粉料，搅拌至顺滑无颗粒状（图 3-2-9）。

（6）加入切碎的核桃仁，用手揉均匀，分割成 30 克/个的剂子，搓成圆形（图 3-2-10 至图 3-2-12）。

图 3-2-9　加入粉料拌匀　　　　　图 3-2-10　加核桃仁碎揉匀

操作步骤

Note

续表

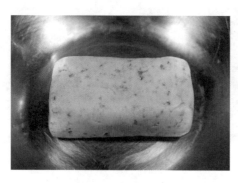

图 3-2-11　成团

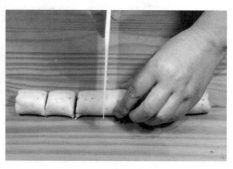

图 3-2-12　下剂

（7）将搓好的面团放入烤盘中，码放整齐，用大拇指压扁，均匀撒上黑芝麻（图 3-2-13 至图 3-2-15）。

（8）放入上下火 180 ℃的烤箱烘烤 20 分钟后取出晾凉，装盘即可（图 3-2-16）

操作步骤

图 3-2-13　搓圆

图 3-2-14　按剂

图 3-2-15　撒黑芝麻

图 3-2-16　烘烤

制品成品

续表

品质 特点	裂纹清晰,色泽金黄,口感酥脆香甜
操作 重点 难点	(1) 粉料混合均匀后要过筛。 (2) 油脂要室温软化并搅拌至膨松。 (3) 蛋液分次加入,上一次蛋液完全被吸收后才能加入下一次蛋液。 (4) 注意烘烤时间

练习与思考

一、练习

(一)选择题

1. 核桃酥是用哪种膨松法制作的?(　　　)

A.生物膨松法　　　　B.化学膨松法　　　　C.物理膨松法　　　　D.混合膨松法

2. 核桃仁的烘烤温度和时间分别是(　　　)。

A.190 ℃、8 分钟　　　　　　　　　　B.170 ℃、5 分钟

C.130 ℃、6 分钟　　　　　　　　　　D.200 ℃、2 分钟

(二)判断题

(　　)1. 白砂糖、红砂糖(黑糖)、绵白糖、糖粉、葡萄糖等具有颗粒或粉末状的糖称为干性糖。

(　　)2. 制作核桃酥时,黄奶油可以融化成液体。

二、课后思考

在核桃酥制作过程中,蛋液要分次加入吗? 为什么?

制订实训
任务工作
方案

工作流程
实施表

组织实训
评价

Note

任务三

橄榄蛋黄饼

教学资源包

 明确实训任务

制作橄榄蛋黄饼。

 实训任务导入

橄榄蛋黄饼的由来

橄榄蛋黄饼也称为"赶路酥""甘露酥",是江南传统名点。相传此点始于三国时期,《三国演义》中有甘露寺刘备定亲的故事,周瑜弄巧成拙,闹得赔了夫人又折兵,甘露寺相亲三日,刘备广送财礼,寺中有一种味美可口的点心,吴国太颇为喜好。后流传到民间后,人们便称此点为"甘露酥"。

橄榄蛋黄饼采用混酥面团,一般由面粉、油脂、白糖、鸡蛋、乳、豆沙或者莲蓉馅及适量的化学膨松剂等原料调制而成,因其外形美观,口味酥松香甜,故十分受人喜爱。

 实训任务目标

(1)能理解橄榄蛋黄饼起酥的原理和要求。

(2)能介绍橄榄蛋黄饼的品质特点及制品的应用范围。

(3)能正确根据制品特点及操作方法选用原材料。

(4)能根据教师示范,按照操作流程独立完成制品的制作任务。

(5)能做到遵守操作规程、严格规范操作和保持原料的干净卫生。

 知识技能准备

一、混酥面团的起酥原理

混酥面团又称干油酥面团,是指用油、面粉及其他辅料调制而成的面团。其制作出来的成品不分层次、口感酥松。它具有很大的起酥性,但面质松散、软滑、缺乏筋力和黏度。

混酥面团的起酥是调制时只用油,不用水与面粉调制的缘故。该面团所用的油质是一种胶体,具有一定的黏性和表面张力。面粉加油调和,使面粉颗粒被油脂包围,隔开而成为糊状物。在面团中油脂使淀粉之间联系中断,失去黏性,同时面粉颗粒膨胀形成疏松性,蛋白质由于无法吸收水分,失去了面筋的膨胀性能,使面团不能形成很强的面筋网络体。面团成形后,再经过烤制加热成熟,使面粉粒本身膨胀,受热失水"碳化"变脆,就达到酥脆的效果。

二、咸蛋黄

咸鸭蛋是一种中国传统食品,早在南北朝时期贾思勰所著的《齐民要术》中就已经有关于咸鸭蛋的记载。其中,咸蛋黄是咸鸭蛋中的主要成分之一,各种利用咸蛋黄制作而成的面点制品层出不穷,比如蛋黄酥、咸蛋黄薯片、咸蛋黄麻薯蛋糕、咸蛋黄酱等。

　　传统的咸蛋腌制工艺主要有提浆裹灰法、盐泥涂布法、浸渍法,利用传统全蛋腌制工艺将咸蛋腌制成熟,然后破壳取出蛋黄,将其加热成型,即为咸蛋黄制品,在面点制作中广泛使用。

制作橄榄蛋黄饼

实训产品	橄榄蛋黄饼	实训地点	中餐面点实训室
工作岗位	中式面点师岗		
操作步骤			

❶ 制作准备

（1）所需工具:烤箱 1 台、烤盘 2 个、操作台 1 个、面盆 1 个、码斗 5 个、刮板 1 个、电子秤 1 台、面粉筛 1 个(油纸几张)(图 3-3-1)。

（2）所需原辅料:无水黄油 130 g、糖粉 80 g、鸡蛋 1 个、高筋面粉 130 g、低筋面粉 130 g、小苏打 3 g、金沙馅 280 g、吉士粉 15 g、咸蛋黄 10 个、二锅头 30 mL(图 3-3-2)。

图 3-3-1　工具

图 3-3-2　原辅料

❷ 工艺流程

（1）将咸蛋黄加二锅头拌匀,均匀摆入烤盘,放入预热好的 180 ℃烤箱内,烤 8 分钟后取出晾凉(图 3-3-3)。

（2）将金沙馅分割成 10 个大小均匀的剂子,按扁,包入咸蛋黄成馅,备用(图 3-3-4、图 3-3-5)。

图 3-3-3　烤咸蛋黄

图 3-3-4　包入咸蛋黄

图 3-3-5　金沙咸蛋黄馅

（3）将高筋面粉、低筋面粉、吉士粉、小苏打混合均匀,过筛备用(图 3-3-6)。

（4）案台放入无水黄油和糖粉,搓至发白,加入鸡蛋搅拌均匀(图 3-3-7、图 3-3-8)。

续表

图 3-3-6　粉料过筛　　　　3-3-7　黄油与糖粉搓至发白　　图 3-3-8　加入鸡蛋拌匀

（5）面粉与糖油糊先抄拌成面屑状，再采用复叠法，将粉料收拢反复叠压至均匀无颗粒，成团备用（图 3-3-9、图 3-3-10）。

图 3-3-9　加粉拌匀　　　　　　图 3-3-10　叠压均匀，成团

（6）将面团分割为 25 克/个的剂子，稍搓圆后按扁，包入金沙蛋黄馅，捏紧收口，再做成橄榄形生坯，用叉子在表面划出纹路，均匀摆入烤盘（图 3-3-11 至图 3-3-13）。

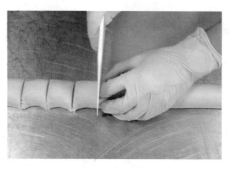

图 3-3-11　下剂　　　　　　　图 3-3-12　包馅

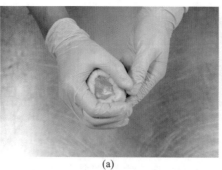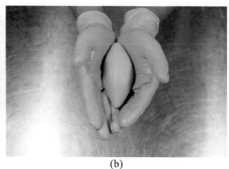

（a）　　　　　　　　　　　　（b）

图 3-3-13　成型

Note

续表

操作步骤	（7）生坯表面均匀刷上一层蛋黄液（图3-3-14）。 （8）烤箱上火180 ℃，下火150 ℃，烘烤约25分钟，烤至色泽金黄，表面有细小裂痕即可（图3-3-15）   图3-3-14　刷蛋黄液　　　　　　图3-3-15　烘烤
制品成品	
品质特点	色泽金黄，外形呈橄榄形，口感酥松、甘香可口
操作重点难点	（1）混酥面团不能调制时间过长，否则容易产生面筋，影响其酥松程度。 （2）严格按照先黄油、糖粉、鸡蛋，再加入面粉的顺序投料，糖粉、鸡蛋必须充分乳化，乳化不均匀会使面团出现发散、浸筋等现象。 （3）面团软硬要适中：面团过软，则制品不易保持形态，面团易产生面筋；面团过硬，则制品酥松性欠佳。 （4）要控制好炉温，入炉时温度不能过高或过低，炉温过高则高温定型，成品不疏松，炉温过低则油会流出，成品太薄且易碎，无法保持形态

 练习与思考

一、练习

（一）选择题

1. 下列哪项不是烤箱热传递的方式？（　　　）

A. 热辐射　　　　　　　　　　　　　B. 热传导

C. 热对流　　　　　　　　　　　　　D. 制品分子间的相互作用

2. 下列哪项不是制作橄榄蛋黄饼的原辅料？（　　　）

A. 低筋面粉　　　　B. 无水黄油　　　　C. 小苏打　　　　D. 臭粉

制订实训
任务工作
方案

工作流程
实施表

组织实训
评价

（二）判断题

（　　）1. 烤制的成品一般表面呈金黄色，质地疏松富有弹性，口感香酥。

（　　）2. 生坯装入烤盘时，随意摆放即可，只要不粘连就可以。

二、课后思考

橄榄蛋黄饼酥松的原因是什么？

任务四

椰蓉挞

教学资源包

 明确实训任务

制作椰蓉挞。

 实训任务导入

椰蓉挞介绍

"挞"起源于 14 世纪的法国,法国人将这种用黄油面团作底,圆形低矮的食物起名为"Torta",意为"圆形面包",在古法语中为"Tarte"。在法国的面包房里,挞被打造成甜品,如在欧洲蛋糕店经常见到水果挞。

椰蓉挞以椰蓉为主要原料,添加白糖、面粉、鸡蛋、黄油等原材料烘烤而成的,外皮酥脆香甜,内陷椰香浓郁,口感香酥软糯。

 实训任务目标

(1) 了解椰蓉挞的介绍。

(2) 能介绍椰蓉挞的品质特点及制品的应用范围。

(3) 能正确根据制品特点及操作方法选用原材料。

(4) 能根据教师示范,按照操作流程独立完成制品的制作任务。

(5) 培养学生严谨细致的工作作风。

 知识技能准备

一、挞和派的区别

1. 挞 起源于14世纪的法国,用黄油面团作底、造型圆形低矮;古法语中为"Tarte",后被英国人借鉴,叫做"Tart"。基础挞面团是混合了低筋面粉、鸡蛋及奶油,充分搓揉后制作而成的。因制作方法及材料不同,面团可以分成基本酥面团和甜酥面团。将切成小块的奶油揉搓至低筋面粉中,是基本酥面团;加入了白糖,与柔软的奶油和面粉揉搓而成的是甜酥面团。

2. 派 由挞演变而来的,简而言之是在挞的表面蒙上面皮就变成了"派"。派在英国人的创新以及美国人的传播之下,更受青睐。派面团,混合了低筋面粉和奶油,将面团推擀开成薄且重叠的状态,形成多层状态。

二、黄油

黄油也称牛油、白脱油,英文名为"butter",由新鲜或者发酵的鲜奶油或牛奶通过搅乳的工艺提取的一种奶制品。黄油中大约 80% 是乳脂，剩下的是水及其他成分。黄油在冷藏的状态下是比较坚硬的固体，而在 28 ℃ 左右，会变得柔软，在 34 ℃ 以上，黄油会融化成液态。其熔点为 28～33 ℃，凝固点为 15～25 ℃。

优质黄油的标准如下。

1. 颜色　色泽自然，颜色偏黄。

2. 气味　有奶香味及淡淡的腥臊味。

3. 质地　质地紧密均匀，切割面平整不断裂，无水分渗出。

 制作椰蓉挞

实训产品	椰蓉挞	实训地点	中餐面点实训室
工作岗位	中式面点师岗		

操作步骤

❶ 制作准备

（1）所需工具：烤箱 1 台、烤盘 2 个、操作台 1 个、不锈钢盘 8 个、长柄刮刀 2 把、T 形刮板 1 个、电子秤 1 台、面粉筛 1 个、打蛋器 1 个、一次性锡纸杯 15 个、裱花袋 1 个、剪刀 1 把（图 3-4-1）。

（2）所需原辅料。

①挞皮原辅料：低筋面粉 250 g、泡打粉 4 g、食粉 2 g、白糖 125 g、水 10 g、鸡蛋 2 个、黄油 120 g（图 3-4-2）。

②馅原辅料：干椰蓉 50 g、白糖 60 g、黄油 30 g、调和油 20 g、开水 90 g、鸡蛋 25 g、吉士粉 2 g、泡打粉 1 g、低筋面粉 20 g（图 3-4-3）。

③表面装饰：红色车厘子。

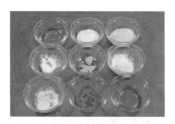

图 3-4-1　工具　　**图 3-4-2　椰蓉挞皮原辅料**　　**图 3-4-3　椰蓉馅原辅料**

❷ 工艺流程

（1）将低筋面粉、泡打粉、食粉过筛（图 3-4-4）。

（2）过筛好的粉料开窝，加入白糖、鸡蛋、水揉搓至白糖溶化（图 3-4-5）。

图 3-4-4　过筛　　　　　**图 3-4-5　原料揉搓均匀**

续表

（3）加入黄油，用折叠的手法，折叠至面团成团无干粉（图3-4-6）。

（4）下剂子，每个剂子重量是15 g（图3-4-7）。

图3-4-6　加入黄油，折叠面团　　　　图3-4-7　下剂子

（5）将剂子放入一次性锡纸杯，捏制成厚薄均匀的挞壳，用叉子在底部戳一下小孔，放入冷藏冰箱松弛备用（图3-4-8）。

（6）在不锈钢盆中加入开水、白糖、黄油、调和油、干椰蓉搅拌均匀至糖溶化（图3-4-9）。

图3-4-8　捏挞壳　　　　图3-4-9　搅拌椰蓉

（7）加入鸡蛋以及过筛好的泡打粉、低筋面粉、吉士粉，搅拌均匀，制成椰蓉馅，装入裱花袋备用（图3-4-10、图3-4-11）。

图3-4-10　调制椰蓉馅　　　　图3-4-11　装入裱花袋

（8）将松弛好的挞壳取出，挤入椰蓉馅（图3-4-12）。

（9）放入上火200 ℃、下火210 ℃的烤箱烘烤20分钟左右，取出晾凉，用红色车厘子装饰后，装盘即可（图3-4-13、图3-4-14）

图3-4-12　填馅料　　　图3-4-13　入炉烘烤　　　图3-4-14　成品晾凉

操作步骤

Note

续表

制品成品	
品质特点	外皮酥脆香甜,内馅椰香浓郁,口感香酥软糯
操作重点难点	(1) 粉料混合均匀后要过筛。 (2) 油脂要室温软化并搅拌至膨松。 (3) 捏制挞壳时注意厚薄均匀、边缘整齐。 (4) 注意烘烤时间

练习与思考

一、练习

(一) 选择题

1. 黄油的熔点为( )。

A. 10～15 ℃   B. 15～20 ℃   C. 28～33 ℃   D. 50 ℃以上

2. 按西式面点加工工艺及坯料性质分类,椰蓉挞属于( )。

A. 泡芙类   B. 面包类   C. 混酥类   D. 清酥类

(二) 判断题

( )1. 黄油属于奶制品。

( )2. 可塑性是人造黄油、黄油、起酥油、猪油等油脂的最基本条件。

二、课后思考

根据椰蓉挞的制作特点,可以演化出哪些制品?

制订实训
任务工作
方案

工作流程
实施表

组织实训
评价

Note

任务五

凤梨酥

 明确实训任务

制作凤梨酥。

 实训任务导入

教学资源包

凤梨酥的由来

凤梨酥相传最早起源于三国时期,因凤梨闽南话发音又称"旺来",象征子孙旺旺来的意思,具有美好的象征意义。在我国闽南地区,百姓取其"旺来"之意,是祭拜先人常用的贡品和婚礼习俗中的喜饼,深受民众喜爱。早期的凤梨礼饼因太大块,成本较高,后经面点师的不断改良,缩小成 25～100 克/个的精巧小饼。

凤梨酥是闽南一带的著名点心,现南方各地均有制作。面点师在其演变过程中不断探索,研发出现在西式派皮与中式凤梨馅料所制成的现代"凤梨酥"。凤梨酥外皮酥松化口,凤梨内馅甜而不腻,因而广受欢迎,故逐渐成为著名的伴手礼之一。

 实训任务目标

(1) 能理解混酥的概念。
(2) 能介绍凤梨酥的品质特点及制品的应用范围。
(3) 能正确根据制品特点及操作方法选用原材料。
(4) 能根据教师示范,按照操作流程独立完成制品的制作任务。
(5) 培养学生严谨细致的工作作风。

 知识技能准备

一、烘烤的概念

烘烤就是用各种烘烤加热设备,通过辐射、传导和对流三种热能传递方式,使生坯成熟的方法,是面点制作中常用的成熟方法之一。制品烘烤的四个阶段如下。

1. 初始阶段 烘烤初期,面团中淀粉颗粒在 50～60 ℃开始溶胀。

2. 成熟阶段 面团中心温度达到 95 ℃以上,此时淀粉完全糊化,面团成熟。

3. 优化阶段 此时面团中所含的氨基酸和果糖等羰基化合物,加热之后发生美拉德反应,使制品表面发生颜色变化。

4. 焦化阶段 面团由于烘烤时间过长,表皮焦化呈黑色,可视为制作失败。

二、凤梨

凤梨属凤梨科多年生常绿草本植物,与荔枝、香蕉、木瓜并称为"岭南四大名果"。其肉色金黄、香味浓郁、酸甜适口、清脆多汁,不仅口感独特,营养价值也很高。《中国植物志》中写到:"凤梨俗称菠萝,著名热带水果。"因此,在生物学上,菠萝和凤梨是同一种水果,只是名字不同而已。

食用注意事项:因凤梨中含有"菠萝朊酶",会对部分人产生过敏症状,可以用淡盐水略泡后再食用,这样能有效破坏"菠萝朊酶"的内部结构,消除其引起过敏的原因,还能使其中所含的一部分有机酸在盐水中分解,使酸涩刺痛感降低,食用感受更佳。

 制作凤梨酥

实训产品	凤梨酥	实训地点	中餐面点实训室
工作岗位	中式面点师岗		
操作步骤	❶ 制作准备 (1) 所需工具:烤箱 1 台、烤盘 2 个、操作台 1 个、不锈钢盆 5 个、刮刀 1 把、电子秤 1 台、面粉筛 1 个、打蛋器 1 个、凤梨酥模具 1 套、塑料面团切刀 1 把、不粘锅 1 个、电磁炉 1 台(图 3-5-1)。 (2) 所需原辅料(图 3-5-2)。 ①酥皮:低筋面粉 250 g、白糖 125 g、泡打粉 3 g、鸡蛋 2 个、食粉 2 g、吉士粉 5 g、黄油 125 g。 ②馅料:凤梨馅适量。 　 图 3-5-1　工具　　　　　　　　图 3-5-2　原辅料 ❷ 工艺流程 (1) 将低筋面粉、吉士粉混合均匀,过筛备用(图 3-5-3)。 (2) 盆内放入黄油,加入白糖搅拌均匀,再加入鸡蛋用打蛋器搅拌至油糖乳化(图3-5-4)。 (3) 在搅拌好的油蛋糊内加入食粉和泡打粉,混合均匀,再加入低筋面粉拌匀成团(图 3-5-5、图 3-5-6)。 (4) 将面团搓条下剂,包入凤梨陷收口成圆形,再放入模具按压成长方形饼状(图3-5-7、图 3-5-8)。 (5) 放入上火 190 ℃、下火 180 ℃的烤箱烘烤 20 分钟后取出晾凉,装盘即可(图3-5-9)

续表

<table>
<tr>
<td rowspan="1">操作步骤</td>
<td>

图 3-5-3　过筛

(a)　　　　　　　　　(b)　　　　　　　　　(c)

图 3-5-4　油糖搅拌

(a)　　　　　　　　　(b)　　　　　　　　　(c)

图 3-5-5　加入粉料

图 3-5-6　拌匀成团

</td>
</tr>
</table>

续表

操
作
步
骤

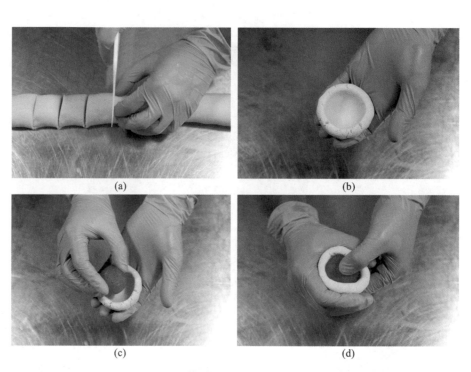

(a)　　　　　　　　　　(b)

(c)　　　　　　　　　　(d)

图 3-5-7　下剂包馅

图 3-5-8　按模成型

图 3-5-9　入炉烘烤

制
品
成
品

续表

品质特点	外皮色泽金黄,口感酥松,奶香浓郁,内馅酸甜柔软,饱满细腻
操作重点难点	（1）原料选择应符合制品要求：黄油质地细腻有奶香味,面粉为优质低筋面粉,菠萝新鲜、品质上乘。 （2）食品添加剂使用得当,不能超过国家标准范围。 （3）粉料混合均匀后要过筛。 （4）油脂要室温软化并搅拌使之膨松。 （5）酥皮制作要用折叠的手法。 （6）烘烤温度、时间把握得当

 练习与思考

一、练习

（一）选择题

1. 油脂在烘焙食品中最重要的工艺性能是（　　）。

A. 可塑性　　　　　　B. 起酥性　　　　　　C. 润滑性　　　　　　D. 营养价值

2. 低筋面粉中蛋白质的含量为（　　）。

A. 3%～6%　　　　　　B. 7%～9%　　　　　　C. 9%～11%　　　　　　D. 12%～15%

（二）判断题

（　　）1. 实际工作中,油脂的质量检验一般通过感官判断,通常从油脂的色泽、口味、气味、透明度这几个方面来判断。

（　　）2. 黄油在高温下容易变质,适合保存在冰箱或冷藏库中。

二、课后思考

简述混酥面团与清酥面团在制作工艺以及成品上的不同之处。

制订实训任务工作方案

工作流程实施表

组织实训评价

Note

任务六

椰香千层酥

教学资源包

 明确实训任务

制作椰香千层酥。

 实训任务导入

椰香千层酥的由来

椰香千层酥是层酥面团中的明酥制品,可以从制品侧面看到明显的层次。制作时用水油面皮包入油酥面团,通过擀制折叠,形成酥层,再制成酥饼生坯,经烤制而成。食时配以椰蓉辅之,酥皮的酥脆与浓香搭配椰蓉的清香,使之深受食客喜爱。因其制作工艺难度较大,对面点师技艺要求较高,制品外形整齐美观,常见于各类宴席。

 实训任务目标

(1)能理解椰香千层酥起酥的原理和要求。

(2)能介绍椰香千层酥的品质特点及制品的应用范围。

(3)能正确根据制品特点及操作方法选用原材料。

(4)能根据教师示范,按照操作流程独立完成制品的制作任务。

(5)能做到遵守操作规程、严格规范操作和保持原料的干净卫生。

 知识技能准备

一、清酥面团的起酥原理

清酥面团大多选用蛋白质含量较高的面粉,这种面粉中的蛋白质具有很强的吸水性、延伸性和弹性。面粉调制成面团以后,面筋网络像气球一样包容气体,可以保存在烘烤过程中所产生的水蒸气,从而使面团产生膨胀力。每一层面团可随着水蒸气的膨胀力而膨大,直到面团内水分完全被烤干或面团完全熟化,失去活性为止。

由于清酥面团中有产生层次能力的结构和原料,因此烤制后可形成层次。所谓结构是指清酥面团在制作时,冷水面团和油脂面团互为表里,有规律地相互隔绝,当面团入炉受热后,清酥面团中的冷水面团因受热面产生水蒸气,这种水蒸气滚动形成的压力使各层开始膨胀,即下层面皮所产生的水蒸气压力胀起上层面皮,依次逐层胀大。

随着面团的熟化,油脂被吸收到面皮中,面皮在油脂的环境中会膨胀和变形,逐层产生间隔,随着温度的升高和时间的延长,面团水分逐渐减少,形成层层"碳化"变脆的面团结构。油面层受热渗入面团中,面团层由于面筋质的存在,仍然保持原有的片状层次结构。

二、高筋面粉

高筋面粉又称强筋面粉或面包粉,其蛋白质和面筋含量高,蛋白质含量为 12%～15%,湿面筋值在 35% 以上。高筋面粉适合制作面包、起酥点心、泡芙点心与特殊油脂调制的松酥饼等。

高筋面粉的特点:面粉颗粒较粗,颜色较深,偏黄,手抓不易成团,本身较有活性且光滑,容易产生麸质,产生的麸质弹力较强,延展性较佳。高筋面粉揉成面团后,面团的延展性较好,面筋结构稳固,更容易定型,做出来的面点韧性较强。

 制作椰香千层酥

实训产品	椰香千层酥	实训地点	中餐面点实训室
工作岗位	中式面点师岗		
操作步骤	❶ 制作准备 (1)所需工具:烤箱 1 台、烤盘 2 个、操作台 1 个、面盆 3 个、码斗 10 个、刮板 1 个、电子秤 1 台、面粉筛 1 个(油纸几张)(图 3-6-1)。 (2)所需原辅料(图 3-6-2)。 ①水油皮:低筋面粉 120 g、高筋面粉 80 g、油 20 g、白糖 15 g、水 100 mL、蛋清 1 个、食盐 2 g。 ②油心:南侨片状酥油 90 g。   图 3-6-1 工具 图 3-6-2 原辅料 ❷ 工艺流程 (1)调制水油皮:高筋面粉、低筋面粉过筛,倒在搅打机内,加食盐、蛋清、水、白糖、油调和均匀,搅打起筋成水油皮面团,静置 10 分钟(图 3-6-3、图 3-6-4)。 (2)开酥:水油皮擀成似长方形面皮,放入南侨片状酥油,捏好收口,用擀面杖擀成长方形薄片状,从左右两侧往中间折叠成三折,再擀开成薄片状,再折一次三折(图 3-6-5、图 3-6-6)。 (3)将折完两次三折的面再次擀开成近长方形的面团,厚 1 cm,用刀切去不规则的边角,整理成长方形面坯(图 3-6-7)。 (4)将擀好的面坯切成 3 cm×8 cm 的长方形块,面团表面刷上蛋黄液(图 3-6-8、图 3-6-9)。 (5)将切好的生坯放入烤盘,每个间隔两指,放入提前预热好的烤箱,以上火 180 ℃、下火 170 ℃,烘烤约 25 分钟,烘烤成熟后表面撒上椰蓉即可装盘(图 3-6-10)

操作步骤

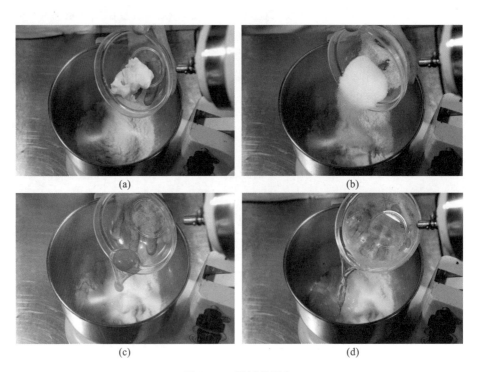

图 3-6-3　原辅料混合

图 3-6-4　搅打成团、醒发

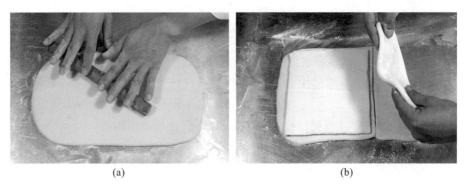

图 3-6-5　面皮包油

续表

操作步骤

图 3-6-6　开酥

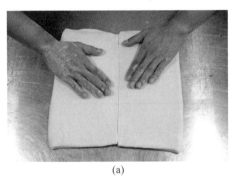

(a)

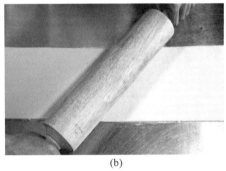

(b)

图 3-6-7　擀坯

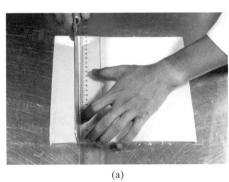

(a)

(b)

图 3-6-8　切块

图 3-6-9　刷蛋黄液

图 3-6-10　烘烤

制品成品	
品质特点	色泽金黄、造型美观、酥层清晰,椰香浓郁、香酥可口
操作重点难点	(1) 水油皮与片状酥油的软硬程度应一致。 (2) 擀制时,需用力均匀以使酥层均匀。 (3) 切生坯,需大小一致。 (4) 烘烤炉温不可过高,以防上色过深

 练习与思考

一、练习

(一) 选择题

1. 层酥面团一般分为(　　)、酵面层酥皮和擘酥皮。

A. 干油酥　　　　　B. 混酥皮　　　　　C. 松酥皮　　　　　D. 水油皮

2. 开酥又称包酥、破酥,其中最常见的是小包酥和(　　)。

A. 叠酥　　　　　B. 擀酥　　　　　C. 抹酥　　　　　D. 大包酥

(二) 判断题

(　　)1. 擘酥皮的特性是酥层清晰,可塑性好,营养丰富,口感松化、浓香、酥脆。

(　　)2. 大包酥的特点是速度快、效率高,适合大批量生产。

二、课后思考

椰香千层酥属于哪一类层酥面团? 其有何特点?

制订实训
任务工作
方案

工作流程
实施表

组织实训
评价

Note

任务七

扭酥

教学资源包

 明确实训任务

制作扭酥。

 实训任务导入

扭酥的由来

扭酥是将水油皮包裹油酥面后,擀制折叠,形成层次,再将馅心酥油夹在中间,切成条状烘烤而成。

扭酥是海南民间传统点心,因其风味独特,酥脆甜香,故而老幼皆喜食之,在各地城镇均有制作,很受人们欢迎。

 实训任务目标

（1）能理解扭酥起酥的原理和要求。

（2）能介绍扭酥的品质特点及制品的应用范围。

（3）能正确根据制品特点及操作方法选用原材料。

（4）能根据教师示范,按照操作流程独立完成制品的制作任务。

（5）能做到遵守操作规程、严格规范操作和保持原料的干净卫生。

 知识技能准备

一、大包酥

将水油面擀成中间厚,边缘薄的圆形,取干油酥放在中间,将水油皮边缘提起,把收口捏严实,用手按扁,用擀面杖擀成长方形薄片状,先开一个三,继续擀薄,由一头卷紧卷成筒状,按所需大小下剂子,这种先包酥后下剂,一次可以出多个剂子的开酥方法,叫做大包酥。

大包酥的优点:速度快、效率高,适合批量生产。

大包酥的缺点:酥层不够均匀,制品品质不如小包酥。

二、中式点心酥皮种类

1.水油皮层酥面团　以水油皮为皮,干油酥为心制成的水油皮层酥,是中式面点工艺中最常见的一种层酥。其特性是层次多样,可塑性强,具有一定的弹性、韧性,口感松化酥香。

2.擘酥皮　用蛋水面与黄油酥层层间隔擀叠而成的擘酥,是广式面点中使用最常见的层酥。其特性是层次清晰,可塑性较差,营养丰富,口感松化、浓香、酥脆。

3. 酵面层酥皮 以发酵面团为皮,干油酥为心得酵面层酥皮,在各地方小吃中都较常见。其特性是体积疏松,层次清楚,有一定的韧性和弹性,可塑性较差,口感暄软酥香。

 制作扭酥

实训产品	扭酥	实训地点	中餐面点实训室
工作岗位	中式面点师岗		

操作步骤

❶ **制作准备**

(1)所需工具:烤箱 1 台、烤盘 2 个、操作台 1 个、面盆 3 个、码斗 10 个、刮板 1 个、电子秤 1 台、面粉筛 1 个(油纸几张)(图 3-7-1)。

图 3-7-1 工具

(2)所需原辅料(图 3-7-2)。

①水油皮:高筋面粉 100 g、低筋面粉 150 g、猪油 50 g、白糖 30 g、食盐 2 g、水 180 g。

②干油酥:低筋面粉 150 g、猪油 75 g。

③馅心:低筋面粉 200 g、黄酥油 80 g、黄油 20 g、白糖 120 g、鸡蛋 1 个、泡打粉 4 g、小苏打 2 g、臭粉 1 g。

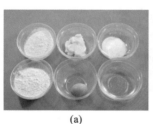 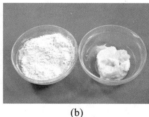 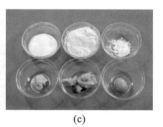

(a)　　　　　　　　(b)　　　　　　　　(c)

图 3-7-2 原辅料

(a)水油皮原辅料;(b)干油酥原辅料;(c)馅心原辅料

❷ **工艺流程**

(1)调制水油皮:高筋面粉、低筋面粉过筛,倒在桌面开窝加水、白糖、猪油、食盐,反复揉成水油皮面团,静置 10 分钟(图 3-7-3、图 3-7-4)。

(2)调油心:将干油酥原辅料低筋面粉开窝加猪油搓成油酥面团(图 3-7-5)。

(3)将馅心原辅料中所有粉料拌匀,过筛开窝,中间加白糖、鸡蛋、黄酥油、黄油,用折叠的手法,反复叠 5～6 次成松酥面团(图 3-7-6)。

(4)开酥:水油皮包油酥,用大开酥的手法擀开折叠三折,反复开两次折三折(图 3-7-7)。

续表

操作步骤

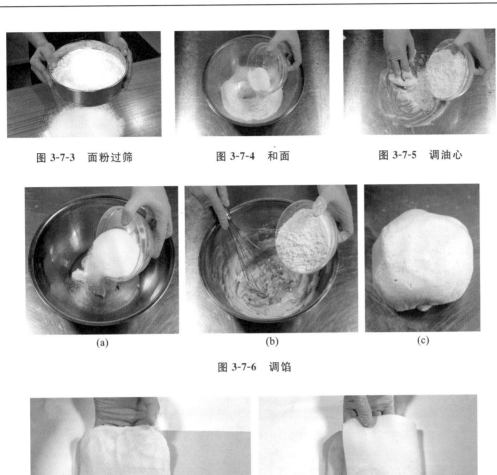

图 3-7-3　面粉过筛　　　　　图 3-7-4　和面　　　　　图 3-7-5　调油心

(a)　　　　　　　　　　(b)　　　　　　　　　　(c)

图 3-7-6　调馅

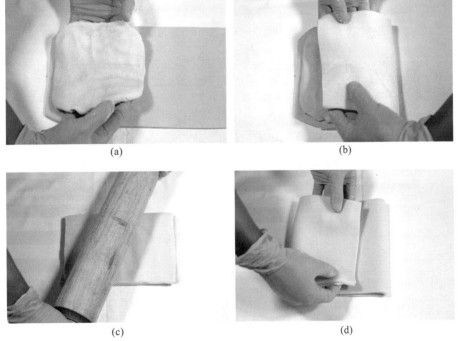

(a)　　　　　　　　　　　　　　　　(b)

(c)　　　　　　　　　　　　　　　　(d)

图 3-7-7　大开酥

（5）然后擀开成长方形，在酥皮的一半放上馅心，再将剩余的酥皮折回盖在馅心上，将面皮稍擀平整后，切成宽约 1 cm 的长条状，表面刷上蛋黄液，反向扭成波浪形，放入烤盘即可烘烤（图 3-7-8 至图 3-7-10）。

（6）烘烤：上火 180～200 ℃，下火 180 ℃，烘烤约 23 分钟（图 3-7-11）

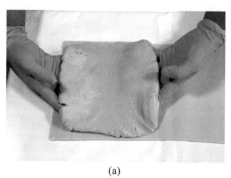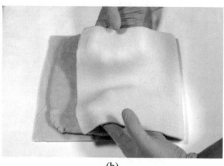

(a)　　　　　　　　　　　　　　　　　　　　(b)

图 3-7-8　放馅

操作步骤

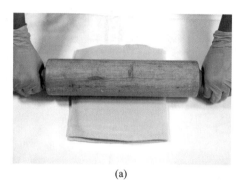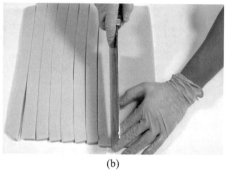

(a)　　　　　　　　　　　　　　　　　　　　(b)

图 3-7-9　造型

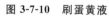

图 3-7-10　刷蛋黄液　　　　　　　　　　图 3-7-11　成型烘烤

制品成品

续表

品质 特点	色泽金黄,形状、大小一致,厚薄均匀,甘香松脆
操作 重点 难点	(1) 水油皮,油心面、松酥的软硬程度应一致。 (2) 操作过程中注意防止面团风干结皮。 (3) 擀制时,用力均匀,面团厚薄尽量一致。 (4) 烘烤炉温不可过高,以防上色过深

制订实训
任务工作
方案

工作流程
实施表

组织实训
评价

练习与思考

一、练习

(一) 选择题

1. 制作起酥类制品,折叠次数以( )为佳。

A. 三折法×1 次　　　B. 三折法×2 次　　　C. 三折法×3 次　　　D. 三折法×4 次

2. 下列哪项不是层酥面团开酥方法?( )

A. 抹酥　　　　　　B. 叠酥　　　　　　C. 卷酥　　　　　　D. 敲酥

(二) 判断题

( )1. 制作擘酥制品时,若裹入黄油,其操作室温应为 18~20 ℃。

( )2. 层酥点心烘烤出炉后口感脆硬,炉温太高为其原因之一。

二、课后思考

按照扭酥的制作方法,我们还可以拓展哪些口味?

晶糖割花饼

 明确实训任务

制作晶糖割花饼。

 实训任务导入

晶糖割花饼的由来

晶糖割花饼,是层酥面团与混酥面团的一个组合体,面皮采用层酥面团中的暗酥制法,馅心则采用混酥面团制法,两者互相融合,创意新颖,口味别具一格。在烘烤过程中,刷上蛋液,再撒上粗颗粒的白糖,在饼坯上割上"米"字形花刀,其作用一是排气,使饼坯不会过度膨胀;二是装饰美观。

晶糖割花饼因其独特的口感,在我国南方地区流传度较高,是老百姓平日喜欢的传统糕点,也是馈赠亲朋好友的佳品。

 实训任务目标

(1)能理解晶糖割花饼起酥的原理和要求。

(2)能介绍晶糖割花饼的品质特点及制品的应用范围。

(3)能正确根据制品特点及操作方法选用原材料。

(4)能根据教师示范,按照操作流程独立完成制品的制作任务。

(5)能做到遵守操作规程、严格规范操作和保持原料的干净卫生。

 知识技能准备

一、小包酥

先将水油皮与干油酥分别揪出剂子,再用一个水油皮包裹一个干油酥,收紧口,擀制、卷叠成单个的剂子,这类先下剂后开酥,一次只能做出一个剂子的开酥方法,叫做小包酥。

小包酥的优点:制品成品精细,品质较高,适合制作高档宴会点心。

小包酥的缺点:速度慢、效率低。

二、食用色素种类及使用要求

食用色素又称着色剂,是赋予和提高食品色泽的物质,属于食品添加剂。目前,常用的食用色素有60余种,按其来源和性质可分为食用天然色素和食用合成色素两大类。

1. 食用天然色素 食用天然色素主要是指由动、植物组织中提取的色素,绝大部分来自植

 Note

物组织,特别是水果和蔬菜,安全性高。按其来源不同主要分为以下三种。

（1）植物色素:如辣椒红、姜黄、天然胡萝卜素等。

（2）动物色素:如紫胶红、胭脂虫红等。

（3）微生物色素:如红曲红等。

特点:色调较自然,成本较高,保质期短。着色易受金属离子、水质、pH 值、光照、温度等因素的影响,一般较难分散,染着性、着色剂间的相溶性略差。

2. 食用合成色素　食用合成色素的原料主要是化学产品,主要是通过化学合成制得的有机色素。按其化学结构分为以下两种。

（1）偶氮色素类色素:如苋菜红、胭脂红、日落黄、柠檬黄等。

（2）非偶氮色素类色素:如赤藓红、亮蓝等。

特点:与天然色素相比,合成色素色泽更鲜艳。色调多,性能稳定,着色力强,使用方便,成本低廉,应用广泛。

3. 色素使用要求　我国对在食品中添加合成色素有严格的规定,凡是肉类及其加工品、鱼类及其加工品、醋、酱油、腐乳等调味品、水果及其制品、乳类及乳制品、婴儿食品、饼干、糕点都不能使用人工合成色素。只有汽水、冷饮食品、糖果、配制酒、果汁露和部分现制食品可以少量使用,其用量一般不得超过 1/10000。

🍳 制作晶糖割花饼

实训产品	晶糖割花饼	实训地点	中餐面点实训室
工作岗位	中式面点师岗		
操作步骤	❶ 制作准备 （1）所需工具:烤箱 1 台、烤盘 2 个、操作台 1 个、面盆 3 个、码斗 10 个、刮板 1 个、电子秤 1 台、面粉筛 1 个(油纸几张)(图 3-8-1)。  图 3-8-1　工具 （2）所需原辅料(图 3-8-2)。 ①水油皮:低筋面粉 200 g、猪油 60 g、白糖 15 g、冷水 80 g、食盐适量。 ②干油酥:低筋面粉 150 g、猪油 70 g。 ③馅心:低筋面粉 250 g、白糖 130 g、泡打粉 4 g、小苏打 2 g、臭粉 2 g、鸡蛋 1 个、猪油 130 g、柠檬黄色素少许。		

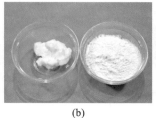

(a)　　　　　　　　　　(b)　　　　　　　　　　(c)

图 3-8-2　原辅料

(a)水油皮料；(b)干油酥料；(c)馅心料

操作步骤

❷ **工艺流程**

（1）将干油酥原辅料的面粉、猪油用搓擦的手法做成干油酥，分成 12 个油心（图 3-8-3、图 3-8-4）。

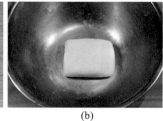

(a)　　　　　　　　　　(b)

图 3-8-3　搓油心　　　　　　　　**图 3-8-4　油心分剂**

（2）水油皮原辅料中面粉、食盐、白糖、猪油、冷水调拌均匀，揉搓成光滑水油面，分成 12 个剂子（图 3-8-5、图 3-8-6）。

(a)　　　　　　　　　　(b)

图 3-8-5　揉水油皮　　　　　　　**图 3-8-6　水油皮分剂子**

（3）将馅心原辅料中的粉料过筛，开窝，猪油加糖搓至半发，加入鸡蛋、柠檬黄色素，搓匀，与粉料使用复叠法拌匀成混酥面团成馅心，分成 12 等份备用（图 3-8-7、图 3-8-8）。

图 3-8-7　调馅　　　　　　　　　**图 3-8-8　分剂子**

（4）取一个水油皮剂子包入油心，包捏收紧收口朝下放置略松弛，擀开擀长，从一端卷起成卷桶状，松弛一会，擀开折三折，擀成面皮（图 3-8-9、图 3-8-10）。

Note

续表

操作步骤

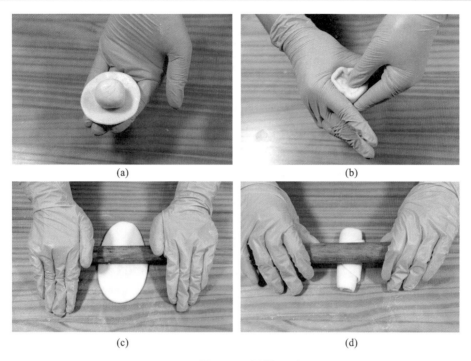

图 3-8-9　开酥

图 3-8-10　制皮

（5）包入黄色混酥面剂，捏紧收口朝下放置，手掌将生坯按扁圆，用刀片在面饼上切割"米"字形，将生坯放入烤盘，扭转割口，每个生坯间隔两指，顶部刷蛋黄液（图 3-8-11、图 3-8-12）。

（6）烘烤：上火 180 ℃，下火 170 ℃，烘烤约 25 分钟（图 3-8-13）

图 3-8-11　包馅成型割口

操作步骤	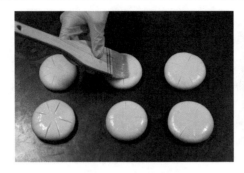 图 3-8-12 刷蛋黄液	 图 3-8-13 烘烤
制品成品		
品质特点	色泽金黄、造型美观、形似花朵、酥层清晰、香甜可口	
操作重点难点	(1) 干油面、水油面的软硬程度应一致。 (2) 起酥擀制时，也可采用叠的方法。 (3) 擀制时，用力不可过重，以防影响起层。 (4) 烘烤炉温不可过高，以防上色过深	

练习与思考

一、练习

（一）选择题

1. 制作酥点类制品，操作环境的温度应该控制在（   ）。

A. 5 ℃±5 ℃   B. 20 ℃±5 ℃   C. 35 ℃±5 ℃   D. 45 ℃±5 ℃

2. 下列哪项不是制作晶糖割花饼的原辅料？（   ）

A. 低筋面粉   B. 猪油   C. 小苏打   D. 高筋面粉

（二）判断题

（   ）1. 晶糖割花饼属于暗酥类制品。

（   ）2. 层酥点心，水油皮包裹油酥后再擀制折叠，形成多层次，经烘烤后质地为酥松的制品。

二、课后思考

晶糖割花饼酥松的分层原理是什么？还可以拓展哪些品种？

任务九

蛋黄酥

教学资源包

 明确实训任务

制作蛋黄酥。

 实训任务导入

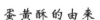

蛋黄酥的由来

蛋黄酥是广受大众喜爱的中式点心,不仅可以用作餐后甜点,还可以用作下午茶点或是佳节礼品,馈赠亲朋好友,其市场接受度极高。

蛋黄酥的馅心用的是莲蓉与咸鸭蛋蛋黄,我国制作咸鸭蛋的历史悠久,南北朝时期《齐民要术》中有记载:"浸鸭蛋一月,煮而食之,酒食具用",说的就是咸鸭蛋。清朝的袁枚在《随园食单》中记录了官场应酬的宴席中,以切开的咸鸭蛋当成小菜飨客的场景。

蛋黄酥的酥皮为暗酥面皮,其制作方法约在13世纪初期由欧洲传入,先在澳门、香港、台湾等地区流行,有萝卜酥、叉烧酥、凤梨酥等。后来其制作方法流传至我国内陆地区,江浙一带的面点师发挥聪明才智,融合当地特产咸鸭蛋,创制出了蛋黄酥,由于其独特的口感,一经上市就受到了高度好评。

海南的蛋黄酥特点尤为突出,因其蛋黄采用本地海鸭所产鸭蛋制作而成,味道独具一格,是海南人民喜爱的美味佳点。

 实训任务目标

(1)了解蛋黄酥的由来。

(2)熟悉蛋黄酥的特点。

(3)掌握蛋黄酥的制作工艺流程,操作要领,能够独立完成蛋黄酥的制作任务。

(4)能做到遵守操作规程、严格规范操作和保持原料的干净卫生。

 知识技能准备

一、低筋面粉

低筋面粉又称弱筋面粉或糕点粉,其蛋白质和面筋含量低。蛋白质含量为7%～9%,湿面筋值在25%以下,适合制作蛋糕、酥点心、饼干等。

优质低筋面粉的标准如下。

(1)色泽略显微黄色,无明显麸质、黑点、霉变,粉质细腻有光泽。

(2)有明显的清香、麦香味道,无异味(如霉味、酸味、哈喇味)。

（3）手攥面粉松开后，面粉松散不易成团。

二、豆沙

豆沙指的是将红豆、绿豆、豌豆等豆类蒸煮后加白糖制成的泥状食物。豆沙多用于制作馅料，或涂抹在年糕或米粉团上食用。豆沙是点心制作中常用原料之一，如豆沙包、豆沙面包、豆沙羹等。

 制作蛋黄酥

实训 产品	蛋黄酥	实训地点	中餐面点实训室
工作 岗位	中式面点师岗		
操作步骤	① **制作准备** （1）所需工具：烤箱 1 台、烤盘 2 个、操作台 1 个、不锈钢盆 5 个、刮刀 1 把、电子秤 1 台、面粉筛 1 个、擀面杖 1 个、保鲜膜 1 卷（图 3-9-1）。 （2）所需原辅料（图 3-9-2）。 ①水油皮：低筋面粉 150 g、高筋面粉 150 g、细砂糖 30 g、猪油 50 g、鸡蛋清 1 个、水 120 g。 ②干油酥：酥油 90 g、低筋面粉 160 g。 ③馅心：高度白酒、咸蛋黄、红豆沙。   图 3-9-1 工具　　　图 3-9-2 原辅料 ② **工艺流程** （1）将水油皮部分的低筋面粉、高筋面粉混合均匀，过筛，开窝（图 3-9-3）。 （2）加入细砂糖、鸡蛋清、猪油、水，将面团揉至表面光滑，松弛 15 分钟，分割成 25 克/个的剂子（图 3-9-4 至图 3-9-7）。   图 3-9-3 过筛　　　图 3-9-4 和面			

续表

图 3-9-5　光滑成团

图 3-9-6　分割

图 3-9-7　剂子(水油皮)

（3）将干油酥部分的酥油和低筋面粉搓至细腻、膨松，分割成 15 克/个（图 3-9-8 至图 3-9-11）。

图 3-9-8　油酥原料

图 3-9-9　油酥成团

图 3-9-10　搓条

图 3-9-11　剂子(干油酥)

（4）包油，取一个油皮放手心压扁放一个油酥，用虎口慢慢收上去，收口处捏紧朝下放，依次操作完，继续松弛 15 分钟（图 3-9-12、图 3-9-13）。

图 3-9-12　包油

图 3-9-13　收口

（5）松弛结束后，进行第一次擀卷，取一个面团，放桌子上轻轻压扁一点，擀面杖从中间往上擀一下，再从中间往下擀一下成牛舌状（12 cm 左右），从上往下卷起，依次这样全部擀卷完成，盖好保鲜膜（图 3-9-14 至图 3-9-16）。

操作步骤

续表

图 3-9-14 擀至牛舌状

图 3-9-15 从上往下卷

图 3-9-16 卷成圆筒状

（6）松弛结束后进行二次擀卷，拿一个面团，接口处朝上，手轻轻压一下，用擀面杖轻轻擀长（长度大概 18 cm），擀完后，盖上保鲜膜继续松弛 15 分钟（图 3-9-17）。

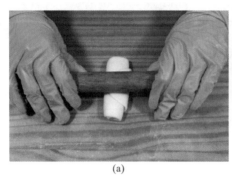
(a)

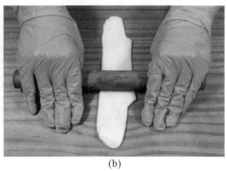
(b)

图 3-9-17 再次擀制

操 作 步 骤

（7）咸蛋黄喷上高度白酒后放入 120 ℃ 的烤箱烤 12 分钟左右，表面微微出油即可取出晾凉待用（图 3-9-18）。

（8）咸蛋黄与豆沙馅一起称重一共 40 g，用豆沙馅包裹上咸蛋黄（图 3-9-19）。

图 3-9-18 处理咸蛋黄

图 3-9-19 蛋黄豆沙馅

（9）取一个松弛好的面团，接口朝上，用大拇指往中间按下去，然后两边用大拇指跟食指往中间捏到一起，团成一个底部圆形状，然后放到桌子上，按扁成一个圆形，擀成圆的面片，光滑面朝下，包入蛋黄馅，左手托着面皮，左手大拇指按着蛋黄，右手用虎口收上来一点，把馅料全部按进去，然后用右手虎口慢慢收上去，左手转，直到全部收好，依次操作完成（图 3-9-20 至图 3-9-23）。

（10）三个蛋黄过好筛冷藏，用刷子左一圈右一圈刷顶部，均匀刷上蛋黄液，撒少许黑芝麻（图 3-9-24）。

（11）入烤箱烘烤，150 ℃ 烤 35 分钟左右出炉，放凉后密封保存（图 3-9-25）

续表

操作步骤	图 3-9-20 面剂松弛 图 3-9-21 擀制面皮 图 3-9-22 包馅 图 3-9-23 成型 图 3-9-24 刷蛋黄液 图 3-9-25 烘烤
制品成品	
品质特点	外皮色泽金黄,微微开裂,层次分明酥香松化,内馅层次丰富细腻清甜的豆沙,包裹着绵密咸沙的蛋黄
操作重点难点	(1)粉料混合均匀后要过筛。 (2)开酥的过程中,每一步操作之前面团都要进行松弛。 (3)开酥的过程中用力要均匀,擀制过程厚薄均匀,以免破酥混酥。 (4)注意烘烤时间

制订实训
任务工作
方案

工作流程
实施表

组织实训
评价

练习与思考

一、练习

（一）选择题

1. 中式面点的层酥面团以水油酥皮为主,其制品酥层表现有(　　　)、暗酥、半暗酥等。
A. 明酥　　　　　　B. 暗酥　　　　　　C. 圆酥　　　　　　D. 直酥

2. 中式酥类面点中用量最多的油脂是(　　　)。
A. 猪油　　　　　　B. 黄油　　　　　　C. 色拉油　　　　　D. 橄榄油

（二）判断题

(　　　)1. 经过开酥制成的成品,酥层明显呈现在外的称为明酥。

(　　　)2. 制作蛋黄酥,下剂子后,应在剂子上盖上一块干净的湿毛巾,防止风干结皮。

二、课后思考

开酥过程中的注意事项有哪些? 请列举 3 条。

项目四
物理膨松类制品

【项目目标】

1. 知识目标

（1）能准确表述物理膨松类面点的选料方法。

（2）能正确讲述与物理膨松类面点相关的饮食文化。

（3）能介绍物理膨松类面点的成品特征及应用范围。

2. 技能目标

（1）掌握物理膨松类面点的选料方法、选料要求。

（2）能对物理膨松类面点的原料进行正确搭配。

（3）能采用正确的操作方法，按照制作流程独立完成物理膨松类面点的制作任务。

（4）能运用合适的调制方式完成物理膨松类面团并制作相关制品。

3. 思政目标

（1）形成良好的职业意识，夯实学生综合职业素养。

（2）在物理膨松类制品的制作过程中，体验劳动、热爱劳动，培养学生正确的人生观、价值观。

（3）在对物理膨松类面点制作的实践中感悟海南特色本土烹饪文化，培养学生文化自信。

（4）在物理膨松类面点制作过程中培养学生互相配合、团结协作的意识。

任务一

夹心三角蛋糕

教学资源包

明确实训任务

制作夹心三角蛋糕。

实训任务导入

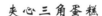

夹心三角蛋糕

蛋糕类制品是面点中的基础品种,在日常生活中使用量最大,变化的品种也最多。蛋糕类制品一般以鸡蛋、白糖、面粉和油脂为主要原料,可以直接食用或作为半成品使用。由于蛋糕类制品选料和加工工艺的不同,行业中一般将蛋糕类制品分为清蛋糕和油蛋糕两大类,夹心三角蛋糕属于清蛋糕。在两层戚风蛋糕坯之间夹上香浓的椰子酱,椰香味浓郁,也可加入奶油、果酱、新鲜水果等,切成三角形即可食用。

实训任务目标

(1)了解夹心三角蛋糕的归属类型。

(2)熟悉夹心三角蛋糕的特点。

(3)掌握夹心三角蛋糕的制作工艺流程、操作要领,能够独立完成夹心三角蛋糕的制作任务。

(4)能做到遵守操作规程、严格规范操作和保持原料的干净卫生。

知识技能准备

一、分蛋法

1. 分蛋法原理　将鸡蛋的蛋白与蛋黄分离,蛋白放入盆中,加入一定量的白糖打发。蛋白在打发过程中快速充入空气使体积膨胀,溶化的白糖形成黏稠的保护层,让打发的蛋白更加稳定。在烘烤加热的过程中,蛋白凝固,里面的水分蒸发掉,就成了膨松的蛋糕,分蛋法是做戚风蛋糕常用的方法。

2. 分蛋法的特点　用分蛋法做蛋糕,因为蛋白里面没有蛋黄,可以打发得特别硬挺,里面的组织更加膨松细腻,所以做出来蛋糕的口感非常松软,入口即化,适合喜欢松软口感蛋糕的人群。

3. 分蛋法的注意事项　操作过程中所有容器、工具必须是无油无水的,蛋白与蛋黄分离时不能混合,因为蛋黄中含有油脂,会影响蛋白的打发。蛋白体积膨胀后容易消泡,与面糊一起搅拌时要速度快、轻柔。

二、塔塔粉

塔塔粉的化学名为酒石酸钾,它是制作戚风蛋糕时的常用原料。蛋白偏碱性,pH 值达到 7.6,而蛋白需要在偏酸的环境下(pH 值为 4.6～4.8)才能形成膨松稳定的泡沫,起发后才能添加大量的其他配料。如果蛋白打发时没有添加塔塔粉,虽然能打发,但是在加入蛋黄面糊时则容易下陷,不能成型,所以加入塔塔粉可增加稳定性,使制品达到最佳效果。

1. 塔塔粉在点心中的作用

(1) 中和蛋白的碱性。

(2) 帮助蛋白打发,使泡沫稳定、持久。

(3) 增加制品的韧性,使制品更柔软。

2. 塔塔粉的使用量　一般是全蛋的 0.6%～1.5%。

 制作夹心三角蛋糕

实训产品	夹心三角蛋糕	实训地点	中餐面点实训室
工作岗位	中式面点师岗		

操 作 步 骤

❶ 制作准备

(1) 所需工具:烤箱 1 台、烤盘 2 个、操作台 1 个、不锈钢盆 5 个、刮刀 1 把、电子秤 1 台、面粉筛 1 个、打蛋器 1 个、网架 2 个、烘焙油纸 2 张、羊毛刷 1 个(图 4-1-1)。

(2) 所需原辅料:蛋白 12 个、蛋黄 12 个、白糖 180 g、低筋面粉 180 g、玉米油 120 g、牛奶 120 g、塔塔粉 12 g、泡打粉 12 g、椰子酱适量(图 4-1-2)。

图 4-1-1　工具　　　　　　　　　图 4-1-2　原辅料

❷ 工艺流程

(1) 将低筋面粉、泡打粉混合均匀,过筛(图 4-1-3)。

(2) 将玉米油称入一个不锈钢盆中,加入过筛好的粉料,搅拌均匀,同时加入牛奶和蛋黄,搅拌均匀(图 4-1-4)。

(3) 将蛋白、塔塔粉放入打蛋器中,用中速搅打至表面出现气泡后,慢速分次加入白糖,搅打至蛋白湿性发泡至偏干的状态(图 4-1-5)。

(4) 将打发的蛋白霜分三次加入蛋黄糊中,采用翻拌的手法搅拌均匀,然后倒入铺烘焙油纸的烤盘,稍震动以除去大气泡(图 4-1-6)。

续表

操作步骤

图 4-1-3　过筛　　　　　　　　　图 4-1-4　蛋黄糊

图 4-1-5　蛋白霜

图 4-1-6　蛋糕糊

（5）入炉烘烤：烘烤温度为上、下火 160 ℃，烘烤时间为 30 分钟左右；出炉后取出放在网架上晾凉（图 4-1-7）。

（6）将蛋糕坯翻面取下烘烤油纸，蛋糕坯对半切开，其中一块底面朝上，均匀抹上一层椰子酱，盖在另外一块底面朝的蛋糕坯上轻轻压一下即可（图 4-1-8）。

图 4-1-7　烤蛋糕　　　　　　　　图 4-1-8　夹馅

续表

操作步骤	（7）把夹好馅料的蛋糕切成 6 cm×40 cm 的长方形,然后切分成 6 cm×10 cm 的长方形,再对半切成三角形,装盘即可(图 4-1-9)  图 4-1-9　切成长方形
制品成品	
品质特点	外层蛋糕体细腻、柔软、湿润,奶香浓郁,内馅香甜
操作重点难点	（1）粉料混合均匀后要过筛。 （2）打发蛋白霜时使用的器具必须是无水无油的。 （3）搅拌蛋糊时需采用翻拌手法,速度要快,以免消泡。 （4）注意掌控好烘烤时间

 练习与思考

一、练习

（一）选择题

1. 蛋糕类制品包括（　　）、油蛋糕、艺术蛋糕和风味蛋糕。

A. 戚风蛋糕　　　　　B. 清蛋糕　　　　　C. 海绵蛋糕　　　　　D. 乳酪蛋糕

2. 将蛋白、（　　）放入打蛋器中,用中速搅打至表面出现气泡后,慢速分次加入白糖,搅打至蛋白湿性发泡至偏干的状态。

A. 塔塔粉　　　　　B. 黄油　　　　　C. 面粉　　　　　D. 蛋黄

（二）判断题

（　　）1. 在蛋糕中央插入竹签,竹签拔出后,其表面无蛋糕黏附,则表明蛋糕已成熟,反之则未熟。

（　　）2. 粉料混合均匀后无须过筛。

二、课后思考

简述蛋白消泡的状态以及蛋白消泡对蛋糕的影响。

斑斓蛋糕卷

教学资源包

 明确实训任务

制作斑斓蛋糕卷。

 实训任务导入

斑斓蛋糕卷的由来

蛋糕卷又称瑞士卷，从瑞士的海绵蛋糕卷演变而来。最传统的做法就是将烤好的薄蛋糕坯，加上果酱、奶油（混糖奶油、牛奶蛋糊奶油等）和切碎的果肉，卷成卷状，也可添加不同口味的粉料，如可可粉、咖啡粉等，制作出不同风味的蛋糕卷。

海南的面点师在制作蛋糕坯的过程中，将海南本地特有的从斑斓叶中榨取的汁液，加入蛋糕面糊中，使蛋糕坯呈淡绿色，又有斑斓的清香，再卷入鲜奶油和热带水果，口感清爽香甜，别具特色。

 实训任务目标

（1）了解斑斓蛋糕卷的由来。

（2）熟悉斑斓蛋糕卷的特点。

（3）掌握斑斓蛋糕卷的制作工艺流程、操作要领，能够独立完成斑斓蛋糕卷的制作任务。

（4）能做到遵守操作规程、严格规范操作和保持原料的干净卫生。

 知识技能准备

一、蛋白打发的原理

蛋白打发就是通过搅打使空气充入蛋白中，使蛋白体积膨胀的过程。蛋糕制作过程中打发蛋白的目的就是使裹在蛋白中的空气受热，进而使蛋糕体积膨胀。蛋白中主要有2种蛋白质（球蛋白和黏液蛋白）。

球蛋白的作用在于减小蛋白的表面张力，使搅打入空气的蛋白可以产生泡沫，以增加表面积使体积膨胀。黏液蛋白的作用则是使形成的泡沫发生热变性而凝固，这样蛋白内的空气能够被包住不外泄，越来越多的气泡堆积起来后，就形成稳定轻盈的蛋白霜。简而言之，球蛋白使得空气进入后蛋白得以膨胀，而黏液蛋白则形成保护膜以保证空气不外漏。消泡其实就指薄膜层被破坏，使得空气外泄，最终蛋糕无法膨胀或者容易回缩。

二、斑斓

斑斓，学名为七叶兰，又名香兰叶、香露兜，是露兜树科露兜树属植物。斑斓是一种著名的香料植物,一般生长于赤道附近的热带、亚热带地区。斑斓叶最早被广泛使用是在东南亚地区,很早以前马来西亚的"娘惹"就喜欢把斑斓叶加到食物中。斑斓叶可以打成汁液添加在甜点内,也可用于炖煮或用来包裹油炸食物。将斑斓叶添加在白饭中一起煮,煮好的饭会有一股特殊香味,相当诱人。新鲜的斑斓叶汁还可以用来使食物染色。

斑斓被称为东南亚的"香料之王",由20世纪马来西亚归国华侨带回海南种植,在海南,斑斓主要种植于琼海和万宁。斑斓性喜高温高湿,在土壤肥沃疏松、水源充足的环境下长势更好,非常适合在海南种植。

海南人民擅长于就地取材,尝试一些"新鲜"的搭配,斑斓特有的天然芳香使它放在任何食物中都不会违和,既不会改变食物本身的味道,又能巧妙地融合出一股清新的气味。常见的制品有斑斓蛋糕卷、斑斓油条、斑斓月饼、斑斓椰子冻、斑斓椰奶千层糕等。

制作斑斓蛋糕卷

实训产品	斑斓蛋糕卷	实训地点	西餐面点实训室
工作岗位	西式面点师岗		
操作步骤	❶ **制作准备** (1)所需工具:烤箱1台、烤盘2个、操作台1个、不锈钢盆5个、刮刀1把、电子秤1台、面粉筛1个、打蛋器1个、网架2个、烘焙油纸2张、羊毛刷1个、抹刀1把(图4-2-1)。 (2)所需原辅料:蛋白12个、蛋黄12个、白糖180 g、低筋面粉180 g、玉米油120 g、斑斓汁120 g、塔塔粉12 g、泡打粉12 g、甜奶油(图4-2-2)。  图4-2-1 工具　　　　图4-2-2 原辅料 ❷ **工艺流程** (1)将低筋面粉、泡打粉混合均匀,过筛(图4-2-3)。 (2)将玉米油称入一个不锈钢盆中,加入过筛好的粉料,搅拌均匀,同时加入斑斓汁、蛋黄,搅拌均匀(图4-2-4)。  图4-2-3 过筛　　　　图4-2-4 搅拌蛋黄糊

续表

操作步骤	

（3）将蛋白、塔塔粉放入打蛋器中，用中速搅打至表面出现气泡后，慢速分次加入白糖，搅打至蛋白湿性发泡偏干的状态（图4-2-5）。

（4）将打发的蛋白霜分三次加入蛋黄糊中，采用翻拌的手法搅拌均匀，然后倒入铺烘焙油纸的烤盘抹平，稍震动以除去大气泡（图4-2-6）。

（5）入炉烘烤：烘烤温度为上、下火150 ℃，烘烤时间为30分钟左右；出炉后倒扣在铺油纸的网架上晾至室温（图4-2-7）。

图4-2-5 打发蛋白糊　　　图4-2-6 混合蛋糕糊　　　图4-2-7 烘烤

（6）将蛋糕坯翻面取下烘烤油纸，蛋糕坯对半切开，其中一块底面朝下，短的侧边用锯齿刀斜切45°，然后把表面的蛋糕皮撕干净，均匀抹上一层甜奶油，在没有切的另外一边挤上甜奶油（图4-2-8、图4-2-9）。

图4-2-8 处理蛋糕坯　　　图4-2-9 挤奶油

（7）把挤好奶油的蛋糕坯借助擀面杖轻轻提起，拉着烘烤油纸顺势卷成圆柱形，放入冰箱冷藏2小时定型后，装饰装盘即可，也可切片装饰装盘（图4-2-10、图4-2-11）

图4-2-10 卷圆柱　　　图4-2-11 冷藏定型

制品成品

续表

品质特点	外层蛋糕体内部组织细腻、柔软、湿润,斑斓香味浓郁,内馅香甜
操作重点难点	(1) 粉料混合均匀后要过筛。 (2) 打发蛋白霜时使用的器具必须是无水无油的。 (3) 搅拌蛋糊时需采用翻拌手法,速度要快,以免消泡。 (4) 注意控制好烘烤时间

练习与思考

一、练习

(一) 选择题

1. 塔塔粉可以用( )代替。

A. 小苏打　　　　　B. 泡打粉　　　　　C. 柠檬汁　　　　　D. 臭粉

2. 蛋糕卷开裂的原因是( )。

A. 蛋白打发过度　　　　　　　　　B. 出炉后自然冷却的时间太长

C. 蛋糕坯烘烤时间过长　　　　　　D. 卷蛋糕时用力过大

(二) 判断题

( )1. 塔塔粉在蛋糕制作中起到了中和碱性的作用。

( )2. 斑斓蛋糕卷的蛋白霜需搅打至干性发泡。

二、课后思考

斑斓蛋糕卷的配方中为什么要加入玉米油?

制订实训任务工作方案

工作流程实施表

组织实训评价

Note

任务三

果味盒子蛋糕

 明确实训任务

制作果味盒子蛋糕。

 实训任务导入

果味盒子蛋糕的由来

"盒子蛋糕",顾名思义就是用盒子装的蛋糕,是将原味的戚风蛋糕坯装入透明盒子,中间夹上鲜奶油或其他馅料制作而成的一款蛋糕。表面可用新鲜水果、奶油裱花、巧克力等装饰。

海南地处亚热带,四季阳光照射充足,雨水充沛,盛产各种热带水果。面点师将色彩艳丽、口味各异的水果运用到盒子蛋糕的制作中,戚风蛋糕坯的膨松柔软与奶油的香甜细腻以及热带水果的酸甜,形成非常完美的搭配,满足不同食客的味觉与视觉需求。果味盒子蛋糕因装饰美观、口味多变、味道可口、容易制作且方便携带,是非常受大众喜爱的一款甜品。

 实训任务目标

(1) 了解果味盒子蛋糕的相关由来。

(2) 熟悉果味盒子蛋糕的特点。

(3) 掌握果味盒子蛋糕的制作工艺流程、操作要领,能够独立完成果味盒子蛋糕的制作任务。

(4) 能做到遵守操作规程、严格规范操作和保持原料的干净卫生。

 知识技能准备

一、影响蛋白打发的因素

1. 鸡蛋新鲜度对蛋白打发的影响 新鲜鸡蛋的蛋白黏度较大,有助于蛋白打发过程中泡沫的形成和稳定。

2. 油脂对蛋白打发的影响 油脂的表面张力大于蛋白泡沫的延伸力,因此蛋白泡沫接触到油脂后,会将蛋白膜拉断,气体外泄,气泡消失。

3. 酸碱度对蛋白打发的影响 实验表明,蛋白的 pH 值在 6.5~9.5 时形成泡沫的能力较强,但稳定性较差,适当加入酸性物质,如塔塔粉,使蛋白泡沫在偏酸的情况下稳定性较好。

4. 温度对蛋白打发的影响 蛋白在 30 ℃左右时起泡性最好,泡沫稳定,温度过高或过低都不利于蛋白打发。

Note

二、牛奶

牛奶也称牛乳,是一种白色或微黄色的不透明液体,具有特殊的香味。牛奶中含有丰富的蛋白质、脂肪、乳糖和多种维生素及矿物质,还含有胆固醇、酶及磷脂等微量成分。牛奶易被人体消化吸收,有很高的营养价值。

牛奶是烘焙中使用较多的液体原料,它常用来取代水,既具有营养价值又可以提高面点品质。其在面点中的作用如下。

(1)调整面糊浓度。

(2)增加蛋糕水分,让组织更细致。

(3)牛奶中的乳糖可增加外表色泽、口感及香味。

优质牛奶的标准:呈乳白色,略有甜味并有鲜奶香味,无杂质,无异味。

 果味盒子蛋糕

实训产品	果味盒子蛋糕	实训地点	西餐面点实训室
工作岗位	西式面点师岗		
操作步骤	**1. 制作准备** (1)所需工具:烤箱1台、烤盘2个、操作台1个、不锈钢盆5个、刮刀1把、电子秤1台、面粉筛1个、打蛋器1个、网架2个、烘焙油纸2张、羊毛刷1个、抹刀1把、锯齿刀1把、透明盒子、裱花嘴1盒(图4-3-1)。 (2)所需原辅料(图4-3-2)。 ①戚风蛋糕坯原辅料:蛋白12个、蛋黄12个、白糖180 g、低筋面粉180 g、玉米油120 g、牛奶120 g、塔塔粉12 g、泡打粉12 g。 ②奶油水果馅原辅料:甜奶油300 g、新鲜草莓500 g。  　　图4-3-1　工具　　　　　　　图4-3-2　原辅料 **2. 工艺流程** (1)将低筋面粉、泡打粉混合均匀,过筛(图4-3-3)。 (2)将玉米油称入一个不锈钢盆中,加入过筛好的粉料,搅拌均匀,同时加入牛奶、蛋黄,搅拌均匀(图4-3-4)。 (3)将蛋白、塔塔粉放入打蛋器中,用中速搅打至表面出现气泡后,慢速分次加入白糖,搅打至蛋白湿性发泡偏干的状态(图4-3-5)。

续表

图 4-3-3 过筛

图 4-3-4 蛋黄糊

图 4-3-5 蛋白霜

（4）将打发的蛋白霜分三次加入蛋黄糊中，采用翻拌的手法搅拌均匀，然后倒入铺烘焙油纸的烤盘抹平，稍震动以排出大气泡（图 4-3-6、图 4-3-7）。

图 4-3-6 蛋糕糊

图 4-3-7 烤盘抹平

（5）入炉烘烤：烘烤温度为上、下火 150 ℃，烘烤时间为 30 分钟左右；出炉后倒扣在铺烘焙油纸的网架上晾凉（图 4-3-8、图 4-3-9）。

图 4-3-8 烤蛋糕

图 4-3-9 蛋糕晾凉

（6）将蛋糕坯取出，然后把表面的蛋糕皮撕干净后切成跟透明盒子大小一致的小方形（图 4-3-10）。

（7）取一块蛋糕坯平整地放入盒子底部，在上面挤注一层甜奶油，放入水果，再放入一块蛋糕坯，在上面挤注一层甜奶油，夹入水果。重复此操作直至盒子填满，在盒子顶部挤注一层甜奶油后，放上水果点缀即可（图 4-3-11、图 4-3-12）

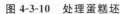
图 4-3-10 处理蛋糕坯

图 4-3-11 挤注奶油

图 4-3-12 加入水果

操作步骤

制品成品	
品质特点	蛋糕坯细腻、柔软、湿润,奶香浓郁,中间的奶油水果酸甜可口
操作重点难点	(1) 粉料混合均匀后要过筛。 (2) 打发蛋白霜时使用的器具必须是无水无油的。 (3) 搅拌蛋糊时需采用翻拌手法,速度要快,以免消泡。 (4) 注意控制好烘烤时间

 练习与思考

一、练习

(一)选择题

1. 蛋白打发是蛋白质不断膨胀的过程,加入(　　)是为了中和蛋白的碱性,防止蛋白质形成的泡沫过度膨胀,提高稳定性,也可用白醋代替。

A. 水　　　　　　　　B. 油　　　　　　　　C. 果汁　　　　　　　　D. 柠檬汁

2. 搅拌蛋糊时常用的手法有搅拌、切拌和(　　)。

A. 凉拌　　　　　　　B. 混拌　　　　　　　C. 翻拌　　　　　　　D. 拌和

(二)判断题

(　　)1. 牛奶含水量高,常温下极易繁殖细菌而酸败变质,因此开封的牛奶必须低温储存。

(　　)2. 打发蛋白时,搅拌盆应是无水无油的。

二、课后思考

淡奶油的储存条件和打发技巧有哪些?

制订实训
任务工作
方案

工作流程
实施表

组织实训
评价

Note

任务四

热带水果裸蛋糕

 明确实训任务

制作热带水果裸蛋糕。

 实训任务导入

教学资源包

热带水果裸蛋糕的由来

裸蛋糕是指外层没有奶油或只有少量奶油的蛋糕,蛋糕中所使用的配料食材几乎"裸露"地展现在食客眼前。制作过程中不使用任何色素,面点师需要借助天然的食材去表现蛋糕的质地和色彩,充分发挥食材的自然美。奶油、热带水果等与蛋糕坯的整体风味协调一致,面点师需要使用这些元素达到和谐美、自然美。

海南因地处热带,盛产各种热带水果,因而制作的热带水果裸蛋糕色彩丰富,口感好,视觉、味觉感受俱佳。人们对裸蛋糕的接受度越来越高,裸蛋糕经常出现在各种场合。热带水果裸蛋糕已经成为一种新的蛋糕装饰流行趋势。

 实训任务目标

(1) 了解热带水果裸蛋糕的由来。

(2) 熟悉热带水果裸蛋糕的特点。

(3) 掌握热带水果裸蛋糕的制作工艺流程、操作要领,能够独立完成热带水果裸蛋糕的制作任务。

(4) 能做到遵守操作规程、严格规范操作和保持原料的干净卫生。

 知识技能准备

一、蛋白打发的几个阶段

1. 起泡阶段 蛋白用打蛋器快速搅拌后呈泡沫液体状态,表面有许多不规则的大气泡。

2. 湿性发泡阶段 蛋白以中高速打发,泡沫由大变小并越来越密集,直至呈现出雪白细腻的泡沫,将打蛋器举起,蛋白呈鸡尾形的下垂状态。

3. 干性发泡阶段 湿性发泡状态的蛋白继续打发,蛋白越发轻盈,基本看不到气泡,倒提打蛋器时,蛋白霜稳定,呈三角状,尖端挺立不弯曲。

4. 过度打发阶段 有粗糙的颗粒感,原有的光泽消失,蛋白泡沫变成一块块球状凝固体,泡沫总体积缩小,形态似棉花。此时蛋白打发过度,不再是稳定的洁白状态。过度打发的蛋白无法使用。

二、马斯卡彭奶酪

马斯卡彭奶酪是在 16—17 世纪产生于意大利的新鲜乳酪,具体发明时间没有明确的历史记载。马斯卡彭奶酪中不含盐,所以一般用于制作咸味菜肴,也用来制作糕点。其制作非常方便,是用轻质奶油(也就是通常所说的淡奶油)加入酒石酸(转为浓稠状态)而制成的。马斯卡彭奶酪质地接近奶油奶酪,但脂肪含量更高,所以更加柔软顺滑,涂抹性更强。其软硬程度介于鲜奶油与奶油乳酪之间,带有轻微的甜味及浓郁的奶香味。马斯卡彭奶酪是制作提拉米苏的主要材料。提拉米苏搭配浸泡过咖啡酒的手指饼干,是一款非常有质感和文化历史的意大利经典糕点。

制作热带水果裸蛋糕

实训产品	热带水果裸蛋糕	实训地点	中餐面点实训室
工作岗位	中式面点师岗		
操作步骤	❶ **制作准备** (1)所需工具:电磁炉 1 台、蛋糕转盘 1 个、操作台 1 个、不锈钢盆 5 个、长柄硅胶刮刀 2 把、电子秤 1 台、面粉筛 1 个、打蛋器 1 个、烘焙油纸 2 张、羊毛刷 1 个、抹刀 1 把、锯齿刀 1 把、透明盒子、裱花嘴 1 盒、不锈钢奶锅 1 个(图 4-4-1)。 (2)所需原辅料(图 4-4-2):6 寸戚风蛋糕坯 1 个、新鲜水果(草莓、芒果、蓝莓、牛油果等)。 ①马斯卡彭奶酪馅:淡奶油 300 g、白糖 10 g、马斯卡彭奶酪 150 g。 ②柠檬糖水:水 300 g、冰糖 100 g、白糖 150 g、百香果 2 个、柠檬 1 个。  图 4-4-1　工具　　　　　图 4-4-2　原辅料 ❷ **工艺流程** (1)将新鲜水果洗净并进行分切处理(图 4-4-3)。 (2)将水、冰糖、白糖、百香果籽、去籽柠檬片放入不锈钢锅中,煮开 2 分钟后晾凉待用(图 4-4-4)。  图 4-4-3　水果加工　　　图 4-4-4　煮柠檬糖水

续表

（3）先将马斯卡彭奶酪用长柄硅胶刮刀搅拌至顺滑（图4-4-5）。

（4）将白糖和冷藏好的淡奶油倒入打蛋器中，搅打至六七分发（奶油表面光滑，有轻微纹路）（图4-4-6）。

图4-4-5　处理奶酪　　　　　图4-4-6　打发奶油

（5）把搅拌好的马斯卡彭奶酪全部加入打发的淡奶油中，用长柄硅胶刮刀稍微搅拌一下，以免沉底，继续和淡奶油一起打发至奶油表面纹路清晰，可以推起来一个直立的不回缩的尖角，封好保鲜膜放冰箱冷藏待用（图4-4-7）。

（6）将准备好的戚风蛋糕坯，均匀地片成3层，用羊毛刷刷上少量的柠檬糖水，蛋糕坯表面微微湿润即可（图4-4-8）。

图4-4-7　搅拌奶油　　　　　图4-4-8　处理蛋糕坯

（7）选择自己喜欢的裱花嘴装至裱花袋中，在裱花袋中装入冷藏好的奶油（图4-4-9）。

（8）将处理好的蛋糕坯先放1片在蛋糕转盘上，挤上奶油，可以选择自己喜欢的形状，并在边缘加上水果，以此类推加上另外两片蛋糕坯。然后在表面挤上奶油进行蛋糕的整体装饰（图4-4-10）。

图4-4-9　装奶油　　　　　图4-4-10　夹馅心

操作步骤

Note

制品成品	
品质特点	注重原材料的选择,必须采用天然健康的食材搭配,夹层使用绵密的乳酪、奶油与当季新鲜水果,外层配以和谐的天然香草、水果、花卉进行搭配
操作重点难点	(1)淡奶油打发前后都需要在冰箱冷藏保存。 (2)打发奶油时使用的器具必须是无水无油的。 (3)准确判断淡奶油的打发程度。 (4)环境温度控制在20 ℃以下

 练习与思考

一、练习

(一)选择题

1.淡奶油在打发之前要将其放置在冰箱冷藏至少( )小时。

A.1　　　　　　　　B.5　　　　　　　　C.24　　　　　　　　D.48

2.淡奶油宜选择乳脂含量不低于( )的,会比较容易打发。

A.27%　　　　　　　B.30%　　　　　　　C.35%　　　　　　　D.40%

(二)判断题

( )1.打发奶油时,时间越长越好。

( )2.打发奶油时使用的器具必须是无水无油的。

二、课后思考

动物奶油和植物奶油的区别有哪些?

制订实训
任务工作
方案

工作流程
实施表

组织实训
评价

任务五

酥皮蛋糕

 明确实训任务

制作酥皮蛋糕。

 实训任务导入

教学资源包

酥皮蛋糕的由来

酥皮蛋糕是由海绵蛋糕做底坯,中间夹上一层芋泥馅,顶部铺上菠萝酥皮,压上格纹烤制而成的一款蛋糕,属于中点西做。面点师在继承传统中式面点特点的前提下,运用西式原料赋予中式面点新的内容和生命,取长补短,借助西式面点的标准,重新设计传统的东方糕点,把中西式内馅原料融入西式蛋糕和酥皮中,一口咬下,外层是酥脆掉渣的酥皮,内馅是有着独特奶香味的芋泥馅和带有蛋奶香味的蛋糕坯,一口柔软一口酥脆,既有颜值又有多层次口感。酥皮蛋糕常用作下午茶点心、伴手礼、蛋糕店甜点等。

 实训任务目标

(1)能理解混酥面团的酥松原理。
(2)能介绍酥皮蛋糕的品质特点及制品的应用范围。
(3)能正确根据制品特点及操作方法选用原材料。
(4)能根据教师示范,按照操作流程独立完成制品的制作任务。
(5)培养学生严谨细致的工作作风。

 知识技能准备

一、全蛋打发

全蛋打发就是以整个鸡蛋为原料,用打蛋器搅打到膨松状态的过程。全蛋打发比分蛋打发要难,原因是全蛋当中含有蛋黄,蛋黄中有 1/3 是脂质,脂质会破坏气泡,所以全蛋打发更耗时,打发难度也更大。全蛋打发通常用来制作全蛋海绵蛋糕、蜂蜜蛋糕、巧克力蛋糕等。

全蛋打发的优点是不需要分蛋,烘烤时间短,制品成熟快,组织细致紧密,蛋香浓郁。全蛋打发的操作要点如下。

(1)打蛋用具需保持干净,无水无油。
(2)鸡蛋要新鲜,全蛋液要保持常温。

二、奶粉

奶粉是以鲜奶为原料,经过浓缩、干燥而制成的冲调食品。奶粉有全脂、半脂和脱脂三种类型,奶粉含有丰富的蛋白质、糖、矿物质、维生素、大豆卵磷脂等营养物质,广泛用于西点制作中,可以增香提味,提高制品的营养价值。

优质奶粉的标准是奶粉颗粒均匀,无结块,颜色呈均匀一致的乳黄色,冲泡时可以闻到浓郁的奶香味。

 制作酥皮蛋糕

实训产品	酥皮蛋糕	实训地点	中餐面点实训室
工作岗位	中式面点师岗		

操作步骤

❶ 制作准备

(1)所需工具:电磁炉 1 台、打蛋器 1 台、操作台 1 个、不锈钢盆 5 个、长柄硅胶刮刀 2 把、电子秤 1 台、面粉筛 1 个、烤盘 3 个、网架 2 个、烘焙油纸 2 张、羊毛刷 1 个、抹刀 1 把、锯齿刀 1 把、裱花袋 2 个、裱花嘴 1 盒、不锈钢小奶锅 1 个、保鲜膜 1 卷、西餐刀 1 把、长方形不锈钢盘 1 个(图 4-5-1)。

图 4-5-1 工具

(2)所需原辅料(图 4-5-2)。

①蛋糕坯原辅料:鸡蛋 20 个、SP 蛋糕油 40 g、白糖 400 g、低筋面粉 400 g、吉士粉 15 g、水 200 mL、油 200 mL。

②芋头馅原辅料:熟荔浦芋头 500 g、白糖 50 g、奶粉 50 g、黄油 50 g。

③菠萝酥皮原辅料:猪油 125 g、黄油 125 g、鸡蛋 4 个、白糖 250 g、低筋面粉 500 g、泡打粉 10 g、小苏打 6 g(表面装饰蛋黄两个)。

(a)

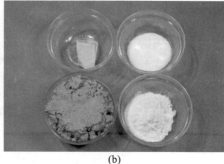
(b)

图 4-5-2 原辅料

操作步骤

❷ **工艺流程**

(1) 制作蛋糕坯。

①将低筋面粉、吉士粉混合均匀,过筛(图4-5-3)。

②将鸡蛋、白糖慢速搅打3分钟左右,然后加入过筛好的粉料和SP蛋糕油,一起慢速搅拌均匀,再快速搅打8分钟成面糊状(图4-5-4)。

图 4-5-3　过筛　　　　　　　　图 4-5-4　打发面糊

③继续中速搅打,慢慢加入水搅拌均匀,最后慢速加入油搅拌均匀,然后倒入铺有烘焙油纸的烤盘中,稍加震动以排出大气泡(图4-5-5)。

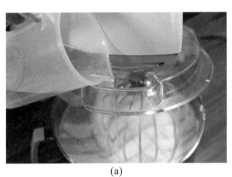 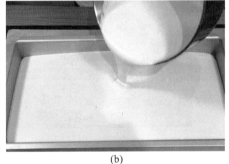

(a)　　　　　　　　　　　　　　(b)

图 4-5-5　装入烤盘

④入炉烘烤:烘烤温度为上、下火160 ℃,烘烤时间为30分钟左右;出炉后取出放在网架上晾凉(图4-5-6)。

(2) 芋头馅:将蒸熟的荔浦芋头放入打蛋器,趁热加入白糖搅拌均匀,然后加入奶粉、黄油搅打至细腻柔滑(图4-5-7)。

图 4-5-6　蛋糕晾凉　　　　　　图 4-5-7　制作芋头馅

（3）制作菠萝酥皮。

①将低筋面粉、泡打粉、小苏打混合均匀,过筛(图4-5-8)。

②将软化的黄油、猪油加入白糖,用打蛋器搅拌至发白(图4-5-9)。

图 4-5-8　过筛粉类　　　　　　　　　图 4-5-9　搅拌油类

③鸡蛋打散,分次加入蛋液搅拌均匀(图4-5-10)。

④加入过筛好的粉料,慢速搅拌均匀,封好保鲜膜放入冰箱冷藏3小时待用(图4-5-11)。

图 4-5-10　加蛋液　　　　　　　　　图 4-5-11　拌匀酥皮

（4）组装蛋糕。

①在长方形不锈钢盘的底部铺上保鲜膜,然后放上一层与不锈钢盘大小相当的蛋糕坯,再挤上一层芋泥馅(厚度为1.5 cm左右),放入冰箱冷藏定型(图4-5-12)。

②取出冷藏好的菠萝酥皮,用手揉匀面团,用擀面杖把面团擀成长方形不锈钢盘大小,厚度为0.35~0.4 mm,平铺在定型好的芋泥馅上,压上格纹,刷上蛋黄液(图4-5-13)。

③入炉烘烤:上火180 ℃,下火130 ℃,烘烤时间为15分钟左右(图4-5-14)。

④蛋糕出炉晾凉,分切成小长方形块,即可装盘

图 4-5-12　定型蛋糕　　　　图 4-5-13　铺菠萝酥皮　　　　图 4-5-14　入炉烘烤

操作步骤

续表

制品成品	
品质特点	细腻柔软的蛋糕坯,夹着香甜的芋泥馅,顶部的菠萝酥皮口感酥脆,让这款蛋糕的口感层次更丰富
操作重点难点	(1) 原料选择应符合制品要求:芋头应选择上好的荔浦芋头,面粉选择优质低筋面粉。 　　(2) 食品添加剂使用得当,不能超出国家标准。 　　(3) 原料中所使用的鸡蛋、黄油均在室温下放置。 　　(4) 菠萝酥皮中的蛋黄液应分次加入。 　　(5) 烘烤温度、时间应把握得当

 练习与思考

一、练习

(一)选择题

1. 白糖在海绵蛋糕中起到的作用是(　　　)。

A. 稳定面糊气泡,使面糊气泡不易破损　　　B. 具有保湿性,使蛋糕烘烤后润泽不干噎

C. 提供甜味和色泽　　　　　　　　　　　　D. 延缓蛋糕老化

2. 海绵蛋糕是利用蛋白的(　　　)使蛋液中充入大量的空气,加入面粉烘烤而成的一类膨松点心。

A. 黏性　　　　　　　B. 起泡性　　　　　　C. 营养性　　　　　D. 优质性

(二)判断题

(　　)1. 混酥面团最基本的工艺有油面调制法和油糖调制法。

(　　)2. 面粉选用不当不会影响混酥面团制品的酥松性。

二、课后思考

请分析混酥面团制品颜色过浅的原因以及补救方法。

制订实训
任务工作
方案

工作流程
实施表

组织实训
评价

Note

任务六

磅蛋糕

 明确实训任务

制作磅蛋糕。

 实训任务导入

磅蛋糕的由来

磅蛋糕是重油脂蛋糕,它的名称来自其传统配方,由面粉、鸡蛋、糖和黄油各 1 磅构成。因为每样食材各占 1/4,传到法国后,也叫四分之一蛋糕。磅蛋糕最早出现于 18 世纪初的英国,首次发表这种配方在 1747 年汉娜·加斯(Hannah Gasse)所著的名为《烹饪的艺术》(*The Art of Cookery*)的烹饪图书中。人们普遍认为,磅蛋糕早期流行起来很大程度上是因为它制作十分简单。在一个少数人识字的年代,像磅蛋糕这种容易记忆的配方非常流行。

现代的磅蛋糕经过面点师在配方和制作工艺上的不断改良,蛋糕体适口性更佳,体积更松软,更易被人们接受。在制作过程中也可以根据喜好添加各种风味,比如水果、坚果和酒等。磅蛋糕烘烤成熟后,可在食用前刷上酒水或淋上糖霜或搭配各种酱汁,让它充分吸收风味,这样在品尝时可以让磅蛋糕更加湿润,味道更加浓郁。

 实训任务目标

(1)了解磅蛋糕的由来。

(2)熟悉磅蛋糕的特点。

(3)掌握磅蛋糕的制作工艺流程、操作要领,能够独立完成磅蛋糕的制作任务。

(4)能做到遵守操作规程、严格规范操作和维持原料的干净卫生。

 知识技能准备

一、糖油拌和法

糖油拌和法是先将糖粉和黄油搅拌均匀至松发,再依次加入其他材料的做法。面糊非常光滑柔亮,糖和油在拌和过程中搅入大量空气,膨胀率极高,所以制作出来的磅蛋糕口感比基本拌和法细腻,但制作难度较大,容易油水分离,失败率较高。

二、鸡蛋

在面点制作过程中,鸡蛋的使用率极高,不管是面包、蛋糕还是饼干都会不同程度地用到蛋白、蛋黄或者全蛋。鸡蛋在烘焙中具有膨发、帮助乳化、强化结构、着色、提供营养和味道等作用。

由于蛋白和蛋黄的主要成分有很大区别,各自运用在不同的烘焙品种时产生的效果也是不同的。

1. 蛋白　也叫蛋清,主要成分是水分和蛋白质,且绝大多数是水分,蛋白中含有多达六种蛋白质,其混合体在烘焙中发挥着膨发和强化结构的作用。

2. 蛋黄　蛋黄内含大约50%的水分和50%的固体成分,固体成分包括约30%的脂肪和乳化剂,17%的蛋白质和3%的其他物质(主要是类胡萝卜素)。

制作磅蛋糕

实训产品	磅蛋糕	实训地点	中餐面点实训室
工作岗位	中式面点师岗		
操作步骤	❶ **制作准备** (1)所需工具:操作台1个、不锈钢盆5个、长柄硅胶刮刀2把、电子秤1台、面粉筛1个、打蛋器1个、晾网1个、锯齿刀1把、磅蛋糕不粘模具1个(17 cm×9 cm×7 cm)(图4-6-1)。 (2)所需原辅料:黄油125 g、糖粉100 g、食盐1 g、鸡蛋2个、低筋面粉110 g、泡打粉5 g、朗姆酒5 g(图4-6-2)。   　　　图4-6-1　工具　　　　　　　　图4-6-2　原辅料 ❷ **工艺流程** (1)将低筋面粉、泡打粉、糖粉过筛备用(图4-6-3)。 (2)鸡蛋打散(温度控制在25～30 ℃),黄油软化至膏状(温度控制在18～20 ℃)(图4-6-4、图4-6-5)。    　图4-6-3　过筛　　　图4-6-4　打散鸡蛋　　　图4-6-5　黄油软化 (3)软化的黄油使用打蛋器中速搅打至糊状,分两次加入糖粉、食盐,每次都要充分混合搅拌让空气进入,打至发白顺滑、体积膨松(图4-6-6、图4-6-7)。 (4)鸡蛋液中加入朗姆酒,将其少量多次加入黄油糊中(分10次左右加入),每次加入鸡蛋液都要充分搅拌均匀,使其充分乳化(图4-6-8、图4-6-9)。

Note

操作步骤

图 4-6-6　打发黄油　　　　　图 4-6-7　搅打顺滑

图 4-6-8　加鸡蛋液　　　　　图 4-6-9　蛋糕乳化

　　（5）加入粉料，用刮刀以切拌的方式轻轻地混合均匀。蛋糕面糊混合至滑顺无结块、无颗粒的乳状（图 4-6-10、图 4-6-11）。

图 4-6-10　加粉料　　　　　图 4-6-11　面糊顺滑呈乳状

　　（6）将蛋糕糊倒入磅蛋糕不粘模具中，用长柄硅胶刮刀刮平表面，放入预热好的烤箱烘烤（图 4-6-12）。

　　（7）烘烤温度上、下火温度均为 165 ℃，烘烤时间为 40～50 分钟；出炉后震一下，侧放在网架上晾凉，用保鲜膜包好，室温隔夜存放（图 4-6-13、图 4-6-14）。

图 4-6-12　装模　　　　　图 4-6-13　烘烤　　　　　图 4-6-14　脱模

　　（8）第二天切开，装盘

Note

续表

制品成品	
品质特点	内部组织扎实细腻,口感浓郁而厚实,成品回油2~3天,风味会更好。因其具有重糖重油的特性,可保存较长时间
操作重点难点	(1)需要控制好鸡蛋和黄油的温度,以减少油水分离。 (2)加入低筋面粉时要使用切拌的方法,轻轻拌匀即可,以免产生面筋,影响口感。 (3)准确判断黄油的打发程度。 (4)注意控制好烘烤时间

 练习与思考

一、练习

(一)选择题

1. 制作过程中鸡蛋液的温度应控制在(　　)。

A. 10~15 ℃　　　　　B. 15~20 ℃　　　　　C. 25~30 ℃　　　　　D. 40 ℃以上

2. 按点心的温度分类,磅蛋糕属于(　　)。

A. 热点心　　　　　B. 冷点心　　　　　C. 常温点心　　　　　D. 宴会点心

(二)判断题

(　　)1. 黄油软化至膏状(温度控制在18~20 ℃)

(　　)2. 磅蛋糕的做法有基本拌合法、糖油拌合法和粉油拌合法。

二、课后思考

请分析磅蛋糕体积膨胀不够的原因以及补救方法。

制订实训任务工作方案

工作流程实施表

组织实训评价

项目五
化学膨松类制品

【项目目标】

1. 知识目标

(1) 能准确表述化学膨松类面点的选料方法。

(2) 能正确讲述与化学膨松类面点相关的饮食文化。

(3) 能介绍化学膨松类面点的成品特征及应用范围。

2. 技能目标

(1) 掌握化学膨松类面点的选料方法、选料要求。

(2) 能对化学膨松类面点的原料进行正确搭配。

(3) 能采用正确的操作方法,按照制作流程独立完成化学膨松类面点的制作任务。

(4) 能运用合适的调制方式完成化学膨松类面团并制作相关制品。

3. 思政目标

(1) 帮助学生形成良好的职业意识,严格执行国家食品添加剂使用标准,为人民健康负责。

(2) 在化学膨松类制品的制作过程中,体验劳动、热爱劳动,培养学生正确的人生观、价值观。

(3) 在对化学膨松类面点制作的实践中感悟海南特色乡土文化,培养学生文化自信。

(4) 在化学膨松类面点制作过程中互相配合、团结协作,体验真实的工作过程。

斑斓油条

明确实训任务

制作斑斓油条。

实训任务导入

教学资源包

斑斓油条的由来

油条又称馃子、油炸鬼、油馍、半焦馃子、油炸桧等,是一种古老的面食。油条是长条形中空的油炸食品,口感松脆有韧劲,是我国传统的早点之一。油条的叫法各地不一,山西地区称之为麻叶;东北和华北很多地区称之为馃子;安徽一些地区称之为油馍;广州及周边地区称之为油炸鬼;潮汕等地区称之为油炸果;浙江地区称之为天罗筋(天罗即丝瓜,老丝瓜干燥后剥去壳会留下丝瓜筋,其形状与油条极像)。

《宋史》记载:宋朝时,秦桧迫害岳飞,民间小贩通过炸制一种类似油条的面食(由于两条面块呈细长条,压在一起,像人手脚并拢躺下的模样,取名油炸桧)来表达对卖国贼秦桧的愤恨。

斑斓油条,是结合海南本地特色,将常用作点心原料的斑斓叶榨取汁液或浓缩后的粉料,加入油条面团中,使之既有油条的松脆韧劲,又带有斑斓特殊的香味,深受海南老百姓喜爱。

实训任务目标

(1) 了解斑斓油条的由来。

(2) 熟悉斑斓油条的特点。

(3) 掌握斑斓油条的制作工艺流程、操作要领,能够独立完成斑斓油条的制作任务。

(4) 能做到遵守操作规程、严格规范操作和保持原料的干净卫生。

知识技能准备

一、油条的膨胀原理

当油条生坯进入预热好的油锅时,发泡剂受热迅速产生气体,油条会快速膨胀。由于油温度很高,油条表面立刻硬化,从而会限制油条继续膨胀,于是油条采用了每两条上下叠好,用竹筷在中间压一下的方案,两条面块之间水蒸气和发泡气体不断逸出,热油不能接触到两条面块的结合部,使结合部的面块处于柔软状态,便可不断膨胀,油条就越来越膨松。当气体产生达到极限时,油条将会停止膨胀,随着表面逐渐硬化,油条就定型了,再随着温度升高,油条表面炸得酥脆,捞出控去多余油脂,即成。

二、臭粉

臭粉的学名为碳酸氢铵,白色粉状结晶,有浓郁的类似臭鸡蛋的刺激性气味(氨臭味)。热稳定性较差,长期暴露在空气中易风化,58 ℃时其固体以及 70 ℃时其溶液,均会分解出氨气和二氧化碳,每克臭粉产气量约 700 mL。

臭粉易溶于水,有一定的吸湿性,所以开封使用后,需密封保存。其水溶液 pH 值为 8.3,呈弱碱性。在烘烤制品中使用较多,常用于酥饼、叉烧包、油条等制作中,其作用是使面团膨松。若臭粉用量不当,会造成制品质地过于疏松,内部或表面出现较大孔隙。

制作斑斓油条

实训产品	斑斓油条	实训地点	中餐面点实训室
工作岗位	中式面点师岗		
操作步骤	①**制作准备** (1) 所需工具:炉灶 1 台、炒锅 1 个、炒勺 1 个、漏勺 1 个、操作台 1 个、面盆 1 个、码斗 8 个、刮刀 1 把、电子秤 1 台、面粉筛 1 个、菜刀 1 把、筷子一双(图 5-1-1)。 (2) 所需原辅料:高筋面粉 500 g、泡打粉 8 g、白糖 60 g、小苏打 3 g、食盐 3 g、斑斓粉 5 g、油 20 g、水 250 g(图 5-1-2)。  图 5-1-1 工具　　　　　　　图 5-1-2 原辅料 ②**工艺流程** (1) 将高筋面粉、泡打粉、小苏打混合,均匀过筛(图 5-1-3)。 (2) 高筋面粉内加入斑斓粉,白糖加入水中溶化备用(图 5-1-4、图 5-1-5)。  图 5-1-3 过筛　　　图 5-1-4 加斑斓粉　　　图 5-1-5 溶化白糖 (3) 将白糖水加入面粉中调制成团,采用掇、摔相结合的手法揉制面坯,后加入油揉至面团光滑起筋(图 5-1-6 至图 5-1-8)。			

续表

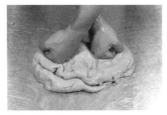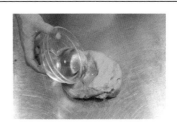

图 5-1-6 加入白糖水，调制成团   图 5-1-7 面团搋匀揉透   图 5-1-8 面团加入油揉匀起筋

（4）将揉好的面团盖上保鲜膜，静置 2 小时松弛、醒发（图 5-1-9）。

（5）桌面上抹油，将醒发好的面坯移到抹油处，用擀面杖擀成厚 1 cm、宽 10 cm 左右的长条（图 5-1-10）。

图 5-1-9 醒面   图 5-1-10 擀面团

（6）用刀剁出宽 1.5 cm 的长条 2 条，表面喷洒少许水，将有水的两面贴合，用筷子在长条面团中间竖着按压，使两块面团黏合（图 5-1-11、图 5-1-12）。

图 5-1-11 制油条生坯   图 5-1-12 两块黏合按压

（7）双手捏住油条生坯两端，轻轻拉伸，使其变长，放入六成热的油锅中，边炸边翻动，使其受热均匀，炸至金黄酥脆，捞出控去多余油脂即可（图 5-1-13）

(a)   (b)

图 5-1-13 炸油条

操作步骤

制品成品	
品质特点	色泽金黄,外皮酥脆、内有韧劲,有油炸食品特殊的香味,十分诱人
操作重点难点	(1) 粉料混合均匀后要过筛。 (2) 面团一定要摔起劲,出筋膜。 (3) 面团一定要醒发适度。 (4) 炸制时注意油温及上色变化,不要过焦也不要上色太浅

 练习与思考

制订实训
任务工作
方案

工作流程
实施表

组织实训
评价

一、练习

(一) 选择题

1. 下列哪项是复合化学膨松剂?(　　)

A. 苏打　　　　　　B. 泡打粉　　　　　　C. 臭粉　　　　　　D. 小苏打

2. 下列哪项不是使油条膨胀的物质?(　　)

A. 酵母　　　　　　B. 泡打粉　　　　　　C. 小苏打　　　　　　D. 臭粉

(二) 判断题

(　　)1. 苏打属于单一化学膨松剂,臭粉不是。

(　　)2. 制作油条选用的面粉筋度为中等筋度。

二、课后思考

麻球的膨胀原理是什么? 与油条一样吗? 为什么?

任务二
果味棉花杯

教学资源包

 明确实训任务

制作果味棉花杯。

 实训任务导入

棉花杯的由来

棉花杯，又称为"开花包"，外形美观，口感与海绵蛋糕相似，质地膨松，香甜可口。但其制作方法并不像海绵蛋糕那样，通过搅打鸡蛋充气以达到膨松的效果，也不是依靠酵母发酵产生气体而达到膨松效果。棉花杯采用化学膨松剂，在高温熟制过程中产生气体从而使制品膨松。棉花杯采用蒸制成熟的方式，制作方便、快捷，符合现代社会的快节奏、健康饮食的需求。

 实训任务目标

（1）了解棉花杯的由来及相关知识。

（2）熟悉果味棉花杯的特点。

（3）掌握果味棉花杯的制作工艺流程、操作要领，能够独立完成果味棉花杯的制作任务。

（4）能做到遵守职业道德、保障食品安全、安全正规操作。

 知识技能准备

一、化学膨松面团

1. 化学膨松面团的概念　在面团中加入化学膨松剂，利用化学膨松剂分解产气的性质而制成的膨松面团，称为化学膨松面团。在实际制作中，化学膨松面团中还会添加一些其他辅料，如油、白糖、蛋、乳等，使制作出的产品更有特色。

2. 化学膨松面团的特性　化学膨松面团成品体积疏松多孔，呈蜂窝或海绵状结构。一般成品呈蜂窝状结构的点心，口感酥脆浓香；成品呈海绵状结构的点心，口感暄软清香。

二、吉士粉

吉士粉是制作西点时常用的一种辅助原料，浅黄色或浅橙黄色，有浓郁的奶香味和果香味。吉士粉由疏松剂、稳定剂、食用香精、食用色素、奶粉、淀粉和填充剂组合而成。在西点中主要用于制作糕点和布丁，后通过港厨引进，开始运用到中式烹调中。

吉士粉易溶解，适用于软、香、滑的冷热甜点（如蛋糕、蛋卷、甜馅、面包、蛋挞等糕点），主要利用的是其香味和提色作用。常见的吉士粉有奶味吉士粉、普通吉士粉和即溶吉士粉等。

制作果味棉花杯

实训产品	果味棉花杯	实训地点	中餐面点实训室
工作岗位		中式面点师岗	

操作步骤

❶ 制作准备

（1）所需工具：蒸柜1台、蒸盘1个、操作台1个、面盆1个、码斗6个、刮刀1把、电子秤1台、面粉筛1个、打蛋器1个、裱花袋2个、锡托适量（图5-2-1）。

（2）所需原辅料：低筋面粉250 g、白糖100 g、胡萝卜汁200 g、泡打粉8 g、蛋白1个（15～20 g）、猪油30 g（图5-2-2）。

图5-2-1 工具　　　　　　　　　图5-2-2 原辅料

❷ 工艺流程

（1）将低筋面粉、泡打粉分别过筛，称量好备用（图5-2-3）。

（2）盆里放入称好的白糖，加入胡萝卜汁一起拌匀，搅拌至糖溶化（图5-2-4、图5-2-5）。

图5-2-3 过筛　　　　　　图5-2-4 倒糖　　　　　　图5-2-5 加胡萝卜汁搅化

（3）加入过筛面粉、猪油，搅匀成顺滑、无颗粒、浓稠的面糊（图5-2-6、图5-2-7）。

图5-2-6 加入面粉　　　　　　　图5-2-7 加入猪油、调成糊

续表

操作步骤	（4）最后拌入蛋白搅匀，使其顺滑、无颗粒（图5-2-8）。 （5）再拌入泡打粉，搅匀即成面糊（图5-2-9）。  　图5-2-8　拌入蛋白、搅匀　　　　　图5-2-9　拌入泡打粉搅匀 （6）成型：将锡托摆入蒸盘，面糊装入裱花袋中，锡托内挤入面糊，装满即可（图5-2-10、图5-2-11）。  　图5-2-10　面糊装袋　　　　　　图5-2-11　面糊挤入锡托装满 （7）沸水旺火，蒸制7分钟后，取出
制品成品	
品质特点	色泽橙黄，形似棉花，口感绵软、香甜可口
操作重点难点	（1）粉料要过筛。 （2）面糊要搅拌均匀、顺滑，但不要太久，避免上劲。 （3）蒸制时需要旺火，中途不得打开蒸柜。 （4）注意控制蒸制时间

制订实训
任务工作
方案

工作流程
实施表

组织实训
评价

练习与思考

一、练习

（一）选择题

1. 下列属于膨松面团的是（　　）。

A. 生物膨松面团　　　　B. 化学膨松面团　　　　C. 物理膨松面团　　　　D. 以上都是

2. 下列不属于化学膨松类制品的是（　　）。

A. 开口笑　　　　　　　B. 果味棉花杯　　　　　C. 清蛋糕　　　　　　　D. 油条

（二）判断题

（　　）1. 果味棉花杯依靠的是配方中泡打粉分解产气，而达到膨松效果。

（　　）2. 在家制作包子时，在没有酵母的情况下，可以使用化学膨松剂代替酵母。

二、课后思考

除了化学膨松面团外，还有哪些膨松面团？它们的膨松原理各是什么？

任务三

笑口枣

 明确实训任务

制作笑口枣。

 实训任务导入

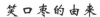
笑口枣的由来

笑口枣是一款历史悠久的食品,明朝之前就在民间出现,有的人称之为"细煎堆",从春节一直吃到元宵节。笑口枣在高温油炸过程中面团表面裂开,样子就像人在开口大笑,象征着全家人开开心心,笑口常开。笑口枣寄托了人们对未来生活的美好愿望。

笑口枣香甜暄酥,十分可口,一般在海南、广州吃早茶的地方有供应。笑口枣因面团经油炸后裂开而得其名,寓意着笑口常开。由于其名吉利且味道香酥可口,因此笑口枣是南方老百姓春节必备年货之一。

在众多海南特色小吃中,笑口枣是非常经典的一款小吃。制品呈圆球形,实心,外粘芝麻,表面有一裂口。笑口枣有大、小两种,大的每千克 24 只,小的如桂圆般大小。

 实训任务目标

(1)了解笑口枣的由来。

(2)熟悉笑口枣的特点。

(3)掌握笑口枣的制作工艺流程、操作要领,能够独立完成笑口枣的制作任务。

(4)能做到遵守操作规程、严格规范操作和保持原料干净卫生。

 知识技能准备

一、芝麻

芝麻是汉代使臣张骞出使西域时引进的油麻种,故名"胡麻",后赵王石勒讳"胡",将"胡麻"改为"芝麻"。芝麻是芝麻科芝麻属的一年生草本植物,多使用其种子。芝麻有补血生津、润肠、延缓细胞衰老之功效,可用于肾亏虚引起的头晕眼花、须发早白等症。

芝麻被称为八谷之冠。在中国古代,芝麻被视为延年益寿的食品,在烹调和面点中使用广泛,多用于装饰、增香、制馅等。

二、小苏打

小苏打的学名为碳酸氢钠,其是一种无机化合物。其外观呈白色结晶性粉末,无臭,味微咸,且易溶于水。在受热情况下会缓慢分解,产生二氧化碳,若加热至 270 ℃ 则完全分解。在面点中,小苏打属于食品添加剂,单一成分的化学膨松剂。其作用一般为使面点制品膨松或中和酸性物质。如果用量不当,会影响制品的口味及色泽,使制品表面出现黄色斑点。

 制作笑口枣

实训产品	笑口枣	实训地点	中餐面点实训室
工作岗位	中式面点师岗		
操作步骤	① **制作准备**		

① 制作准备

(1) 所需工具:炉灶 1 台、炒锅 1 个、炒勺 1 个、漏勺 1 个、操作台 1 个、面盆 2 个、码斗 8 个、刮刀 1 把、电子秤 1 台、面粉筛 1 个(图 5-3-1)。

(2) 所需原辅料:低筋面粉 500 g、白糖 250 g、食粉 4 g、清水 150 g、色拉油 15 g、白芝麻 300 g(图 5-3-2)。

图 5-3-1　工具　　　　　　　　图 5-3-2　原辅料

② 工艺流程

(1) 将低筋面粉过筛,备用(图 5-3-3)。

(2) 清水煮至沸腾,加入白糖搅拌溶化,沸腾后关火晾凉(图 5-3-4、图 5-3-5)。

图 5-3-3　过筛　　　　　图 5-3-4　煮水加糖溶化　　　　图 5-3-5　晾凉

(3) 凉后的糖水中加入食粉与色拉油调拌均匀,加入过筛的面粉抄拌均匀(图 5-3-6、图 5-3-7)。

图 5-3-6　糖水加食粉与色拉油　　图 5-3-7　面粉抄拌均匀

续表

（4）采用复叠的手法将面团调至均匀无颗粒，即为笑口枣皮（图 5-3-8）。

（5）将面团分割为 30 g/个的剂子，蘸少许水稍搓圆，粘芝麻后搓圆（图 5-3-9 至图 5-3-11）。

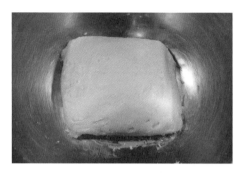

图 5-3-8　复叠调面坯

图 5-3-9　分剂搓圆

操作步骤

图 5-3-10　蘸水粘芝麻

图 5-3-11　再次搓圆

（6）油锅烧油，待油温为 150 ℃左右，放入油锅中炸制，使其自然开裂，适当翻转一直炸到色泽金黄、外皮酥脆，取出，滤去多余油脂即可（图 5-3-12、图 5-3-13）

图 5-3-12　炸制

图 5-3-13　炸至开口

制品成品

续表

品质特点	色泽金黄,表面有裂口,外酥里软,带有浓郁的芝麻香气
操作重点难点	(1) 粉料要过筛。 (2) 面糊要用复叠的手法,避免上劲。 (3) 裹芝麻前要蘸少许水,能让芝麻粘牢,少脱落。 (4) 注意炸制的油温及时间

制订实训
任务工作
方案

工作流程
实施表

组织实训
评价

练习与思考

一、练习

(一) 选择题

1. 下列不属于臭粉特点的是(　　)。

A. 粉状结晶　　　　B. 透明晶块状　　　　C. 白色　　　　　　D. 有刺激性气味

2. 下列不属于小苏打特点的是(　　)。

A. 白色粉末状　　　B. 味微咸　　　　　　C. 无臭味　　　　　D. 白色粉状结晶

(二) 判断题

(　　)1. 调制化学膨松面团时,一定要把面坯揉匀揉透,醒发足够时间。

(　　)2. 调制化学膨松面团时,根据制作的品种要求可以添加一种或多种化学膨松剂,但都应符合国家食品卫生标准要求,不可过量使用。

二、课后思考

调制化学膨松面团时有哪些注意事项?

Note

任务四

翻斗马拉盏

 明确实训任务

制作翻斗马拉盏。

 实训任务导入

教学资源包

翻斗马拉盏的由来

马拉盏是一款传统的广式茶楼点心,呈金黄色,形似海浪,像海绵蛋糕一样柔软,是一种蒸糕。这款糕点最早在茶楼流行开来,它是用面粉、糖、蛋等简单食材组合而制成,即使吃多了也不会上火,所以很受大众喜爱。由于蒸制后马拉盏的外观膨胀,呈现向一侧外翻的形态,呼之欲出,所以又称为翻斗马拉盏。

 实训任务目标

(1)了解翻斗马拉盏的由来。

(2)熟悉翻斗马拉盏的特点。

(3)掌握翻斗马拉盏的制作工艺流程、操作要领,能够独立完成翻斗马拉盏的制作任务。

(4)能做到遵守操作规程、严格规范操作和保持原料干净卫生。

 知识技能准备

复合膨松剂又称发酵粉、泡打粉、发粉,主要是由碱性膨松剂、酸性物质和填充剂三部分组成。泡打粉是一种快速发酵剂,主要用于粮食制品的快速发酵。泡打粉按化学反应速率的快慢或反应温度的高低可分为快速泡打粉、慢速泡打粉和双重反应泡打粉。慢速泡打粉,多用于包子馒头的制作,其在高温受热分解的过程中,释放出二氧化碳气体,从而达到使制品膨松的效果。在制作蛋糕、发糕、包子、馒头、酥饼、面包等食品时运用较为广泛。使用泡打粉制作的点心制品组织均匀、质地细腻、无大孔洞、颜色正常、风味醇正。

制作翻斗马拉盏

实训 产品	翻斗马拉盏	实训地点	中餐面点实训室
工作 岗位	中式面点师岗		

操作步骤

❶ **制作准备**

（1）所需工具：蒸柜 1 台、蒸盘 1 个、操作台 1 个、面盆 1 个、码斗 8 个、刮刀 1 把、电子秤 1 台、面粉筛 1 个、打蛋器 1 个、裱花袋 2 个、锡托适量（图 5-4-1）。

（2）所需原辅料：低筋面粉 125 g、鸡蛋 4 个、白糖 155 g、黄油 20 g、吉士粉 8 g、泡打粉 6 g（图 5-4-2）。

图 5-4-1　工具

图 5-4-2　原辅料

❷ **工艺流程**

（1）将低筋面粉、吉士粉、泡打粉混合均匀，过筛（图 5-4-3）。

（2）将鸡蛋敲入盆中，加入白糖搅拌至白糖溶化（图 5-4-4 至图 5-4-6）。

图 5-4-3　过筛

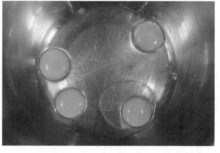

图 5-4-4　敲鸡蛋入盆

图 5-4-5　加入白糖

图 5-4-6　搅拌至白糖溶化

续表

（3）在鸡蛋液中加入过筛后的粉料,搅拌至顺滑、无颗粒(图 5-4-7)。

（4）分 2 次加入化开的黄油,搅拌均匀,静置 10 分钟备用(图 5-4-8、图 5-4-9)。

（5）面糊装入裱花袋,挤入锡托中,装满锡托,沸水旺火,蒸制 10 分钟后取出(图 5-4-10)

操作步骤

图 5-4-7 加入粉料,搅拌至无颗粒

图 5-4-8 分批加黄油搅匀

图 5-4-9 面糊细腻顺滑

图 5-4-10 面糊挤入锡托

制品成品

品质特点

口感松软,味道香甜,有黄油特有的脂香味和浓郁的蛋香气

操作重点难点

（1）粉料混合均匀后要过筛。

（2）面糊要搅拌均匀、顺滑。

（3）蒸制时需要旺火,中途不得打开蒸柜。

（4）注意蒸制时间

制订实训
任务工作
方案

工作流程
实施表

组织实训
评价

练习与思考

一、练习

（一）选择题

1. 使用后会残留碱性物质的化学膨松剂是（　　）。

A. 苏打　　　　　　　　B. 泡打粉　　　　　　　　C. 臭粉　　　　　　　　D. 小苏打

2. 下列属于化学膨松类制品的是（　　）。

A. 马拉盏　　　　　　　B. 包子　　　　　　　　　C. 清蛋糕　　　　　　　D. 花卷

（二）判断题

（　　）1. 复合膨松剂由碱性膨松剂、酸性物质和填充剂三部分组成。

（　　）2. 快速泡打粉、慢速泡打粉、双重反应泡打粉都只有在高温条件下才会释放出二氧化碳气体。

二、课后思考

化学膨松剂的膨松原理是什么？

Note

项目六
其他类制品

【项目目标】

1. 知识目标

(1) 能准确表述其他类面点的选料方法。

(2) 能正确讲述与其他类面点相关的饮食文化。

(3) 能介绍其他类面点的成品特征及应用范围。

2. 技能目标

(1) 掌握其他类面点的选料方法、选料要求。

(2) 能对其他类面点的原料进行正确搭配。

(3) 能采用正确的操作方法,按照制作流程独立完成其他类面点的制作任务。

(4) 能运用合适的调制方式完成其他类面团并制作相关制品。

3. 思政目标

(1) 帮助学生形成良好的职业意识,培养优秀的行业从业人员,服务自贸港建设。

(2) 在其他类制品的制作过程中,体验劳动、热爱劳动,培养学生正确的人生观、价值观。

(3) 在对其他类面点制作的实践中感悟海南特色乡土文化,培养学生文化自信。

(4) 在其他类面点制作过程中互相配合、团结协作,体验真实的工作过程。

椰子布丁杯

明确实训任务

制作椰子布丁杯。

实训任务导入

教学资源包

椰子布丁杯的由来

布丁,是英语 pudding 的音译,亦称为"布甸",属于西餐甜品,多用面粉、牛奶、鸡蛋、水果等制成。布丁有很多种,如鸡蛋布丁、芒果布丁、鲜奶布丁、巧克力布丁、草莓布丁等,不仅看上去美味,吃起来更可口。

布丁是国外一种传统食品,是由古时的撒克逊人所传授下来的。现代的布丁以鸡蛋、面粉与牛奶为材料制作而成。中世纪的修道院,则把"水果和燕麦粥的混合物"称为"布丁"。这种布丁的正式出现,是在 16 世纪伊丽莎白一世时代,它与肉汁、果汁、水果干及面粉一起调制而成。

17—18 世纪,布丁是用鸡蛋、牛奶以及面粉为材料制作而成的。经过漫长的演变,出现了多种多样的布丁,椰子布丁杯就是其中的一种。

实训任务目标

(1) 了解椰子布丁杯的由来。

(2) 熟悉椰子布丁杯的特点。

(3) 掌握椰子布丁杯的制作工艺流程、操作要领,能够独立完成椰子布丁杯的制作任务。

(4) 能做到遵守操作规程、严格规范操作和保持原料干净卫生。

知识技能准备

一、海南冷冻甜品

冷冻甜品是近年来在甜点中发展较快的一类食品,是以糖、蛋、奶、乳制品、凝胶剂等为主要材料制作的一类需冷冻后食用的甜品总称。

在海南具有代表性的冷冻甜品有椰子冻、椰奶冻、清补凉等。其中以清补凉最为著名,清补凉因主要功效不同,其材料也不同,有以健脾去湿为主的,也有以润肺为主的。材料中通常有绿豆、红豆、淮山、莲子、芡实、薏米、西米、百合、红枣和南北杏,有的还会加入西瓜、菠萝、龙眼等水果,还有的会加入龟苓膏、珍珠等做成糖水。海南清补凉多以成糖水的形式出现,有独特的风味和功效。经过改良,清补凉除了以糖水的形式出现以外,还有椰子水、椰奶、冰沙和冰激凌等多种不同形式,是当地老百姓及游客都喜爱的一款冷冻甜品。

二、吉利丁片

吉利丁片又称明胶或鱼胶,是由牛、鱼、猪的骨头、皮肤和筋腱提炼的动物蛋白质胶体。未使用前有腥味,常温(25 ℃以上)即可溶化,口感柔软,有少许黏性,常用于甜点中。吉利丁从外观上可分为片状、粉状、颗粒状三种类型。片状的吉利丁透明度高,略泛黄,表面有网格状,通常一片重量为 5 g,常用于制作布丁、慕斯、意式奶酪等。吉利丁在甜点制作中的主要功效为凝结、增稠、膨胀、稳定等。

1. 使用方法

(1)吉利丁片:把吉利丁片放入冰水中泡软后,捞出沥干,再放进已经加热的原料中溶化使用;吉利丁片与水的用量之比为 1∶5。

(2)吉利丁粉:将吉利丁粉倒入 5～6 倍其用量的冷水中,使其充分吸水,再倒入已经加热的原料中。吉利丁粉与水的用量之比为 1∶6。

2. 注意事项

(1)吉利丁的主要成分是蛋白质,长时间加热可能会破坏蛋白质的结构,使其凝固性减弱。

(2)新鲜水果中含有蛋白质分解酶,会阻碍蛋白质凝固。因此要先将这类水果煮至沸腾,破坏酶的成分,稍微冷却之后再加入吉利丁,否则难以凝固。

(3)盐和酸会减弱吉利丁的凝固性,若配方中这两者含量较高,可以适当增加吉利丁的用量。

(4)糖会降低吉利丁的凝结程度,所以制品中糖分越高,质地越软。

(5)使用吉利丁粉时,应将吉利丁粉均匀缓慢地倒入水中,溶解后溶液较透明。反之,若将水直接倒入吉利丁粉中,易产生结晶块。

 制作椰子布丁杯

实训产品	椰子布丁杯	实训地点	西餐面点实训室
工作岗位	西式面点师岗		
操作步骤	❶ 制作准备 (1)所需工具:电磁炉 1 台、操作台 1 个、不锈钢盆 5 个、长柄硅胶刮刀 2 把、电子秤 1 台、糖粉筛 1 个、打蛋器 1 个、不锈钢奶锅 1 个、量杯 1 个、布丁杯(图 6-1-1)。 (2)所需原辅料:椰浆 125 g、牛奶 75 g、白糖 20 g、吉利丁片 10 g、淡奶油 75 g、新鲜椰子水 100 g、嫩菠萝叶适量、新鲜热带水果适量、椰子脆片(图 6-1-2)。  图 6-1-1　工具　　　　　　　　　图 6-1-2　原辅料		

续表

操作步骤	**❷ 工艺流程** （1）将吉利丁片用冰水泡至柔软且稍具韧性（图 6-1-3）。 （2）将椰浆煮开后，加入牛奶、白糖、淡奶油、新鲜椰子水小火煮至 60～70 ℃（一边煮一边用长柄硅胶刮刀搅拌至糖溶化），放入吉利丁片搅拌至吉利丁片完全溶化为布丁汁（图 6-1-4、图 6-1-5）。 　　 　图 6-1-3　泡软　　　　图 6-1-4　煮椰浆　　　图 6-1-5　溶化吉利丁片 （3）将布丁汁使用糖粉筛过滤至量杯中，装杯（8 分满），放入冰箱冷藏至凝固即可（图 6-1-6 至图 6-1-8）。 （4）将凝固好的椰子布丁杯取出，使用准备好的装饰材料，按自己喜好进行装饰即可 　　 　图 6-1-6　过滤　　　　图 6-1-7　装杯　　　图 6-1-8　放入冰箱冷藏
制品成品	
品质特点	口感香甜嫩滑，椰香浓郁
操作重点难点	（1）吉利丁片必须使用冰水泡发。 （2）椰浆必须摇匀煮开使用，口感更佳。 （3）布丁汁最后过滤两遍，使其更加细腻，不易分离。 （4）0～5 ℃冰箱冷藏保存

制订实训
任务工作
方案

工作流程
实施表

组织实训
评价

一、练习

（一）选择题

1. 吉利丁片是一种（　　），呈无色或淡黄色的半透明颗粒、薄片或粉末状。

A. 有机化合物　　　　　B. 无机化合物　　　　　C. 单质　　　　　　　　D. 复杂的螯合物

2. 西点制品按（　　）分类，可分为常温点心、冷点心和热点心。

A. 温度　　　　　　　　B. 用途　　　　　　　　C. 加工工艺　　　　　　D. 用料

（二）判断题

（　　）1. 吉利丁片在使用之前需要用冰水浸泡。

（　　）2. 布丁是将鸡蛋、奶油分别打发充气后，与其他调味品调合而成的松软甜食。

二、课后思考

椰子布丁杯配方中哪些原料为关键原料，不可缺少？为什么？

任务二

南瓜饼

教学资源包

 明确实训任务

制作南瓜饼。

 实训任务导入

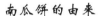

南瓜饼的由来

南瓜俗名倭瓜、番瓜、北瓜,原产于北美洲,后传入我国。清代顾仲的《养小录》记载:"老南瓜去皮去瓤切片,和水煮极烂,剁匀煎浓,乌梅汤加入,又煎浓,红花汤加入,急剁趁湿加白面少许,入白糖盛瓷盆内,冷切片与楂饼无二"。此"楂饼"就是南瓜饼的雏形。真正与现代南瓜饼在名与实两个方面都契合的,光绪版《诸暨县志》(宣统元年刻本)所记载的:"村人取夏南瓜之老者熟食之,或和米粉制饼名曰南瓜饼"。

南瓜饼食材易得,制作方法简便,非常适合家庭制作,且口感酥软甜糯,老少皆宜,是琼粤地区早茶常见的面食制品。

 实训任务目标

(1)了解南瓜饼的由来。

(2)熟悉南瓜饼的特点。

(3)掌握南瓜饼的制作工艺流程、操作要领,能够独立完成南瓜饼的制作任务。

(4)能做到遵守操作规程、严格规范操作和保持原料干净卫生。

 知识技能准备

一、糯米粉

糯米粉是用糯米磨制而成的粉料,根据磨制的工艺不同,糯米粉可分为干磨粉、湿磨粉和水磨粉。

干磨粉,即将干的糯米直接打磨成粉,其粉颗粒较大,质地粗糙。

湿磨粉,即将糯米放入水中浸泡一夜后,过滤去水后磨制成糊,经过干制后得到的粉料,其粉颗粒很小、质地较细腻。

水磨粉,即将糯米放入水中浸泡一夜后,连水带糯米一起磨制成浆,再通过吊干或者烘干等手法制成粉,其粉无颗粒感、质地非常细腻顺滑,是品质最好的糯米粉。水磨糯米粉制品以柔软、韧滑、香糯而著称,它常用于制作汤团、元宵、糍粑、麻球、咸水角等小吃。

二、色拉油

色拉油又叫"沙拉油""凉拌油",是指各种植物原油经脱胶、脱酸、脱色、脱臭、脱蜡、脱脂等加工程序精炼而成的一级食用植物油,呈淡黄色,澄清透明,在 0 ℃条件下冷藏 5.5 小时仍能保持澄清透明(花生色拉油除外)。优点是无气味、口感好,加热时不变色,无泡沫。市场上出售的色拉油主要有大豆色拉油、菜籽色拉油、玉米色拉油、葵花籽色拉油和花生色拉油等。它是可以生吃的,因特别适用于西餐"色拉"凉拌菜而得名。色拉油主要用于凉拌、烹调、煎炸等制作中。

制作南瓜饼

实训产品	南瓜饼	实训地点	中餐面点实训室
工作岗位	中式面点师岗		
操作步骤	① **制作准备** （1）所需工具:操作台 1 个、不锈钢盘 5 个、长柄刮刀 2 把、南瓜饼模具、电子秤 1 台、打碎器 1 台、面粉筛 1 个、炸锅 1 个、炸炉 1 台(图 6-2-1)。 （2）所需原辅料:带皮老南瓜 750 g、糯米粉 350 g、澄面 100 g、黄油 30 mL、红薯淀粉 35 g、白糖 40 g、面包糠 200 g、色拉油(图 6-2-2)。   图 6-2-1　工具　　　　　　　　　图 6-2-2　原辅料 ② **工艺流程** （1）将糯米粉、澄面、红薯淀粉过筛(图 6-2-3)。 （2）将南瓜皮去掉,然后将南瓜洗净后切成薄片状,再将南瓜放入蒸锅中,大火蒸 5 分钟即可起锅(图 6-2-4)。 （3）将蒸熟的南瓜放入打碎器中,搅拌 2 分钟,直到将南瓜搅拌成水一样的南瓜汁即可(图 6-2-5)。    图 6-2-3　过筛　　　　　图 6-2-4　蒸南瓜　　　　　图 6-2-5　打碎南瓜		

续表

（4）将过筛好的粉料、白糖、黄油放入盆中,然后将热的南瓜汁放入其中,揉成面团,最后将南瓜面团封保鲜膜静置 30 分钟备用(图 6-2-6)。

(a)

(b)

图 6-2-6　揉面团

（5）将南瓜面团分成 40 克/个的小剂子,然后将小剂子放入模型中进行按压,接着将按压好的南瓜饼倒扣出来,最后将南瓜饼放入面包糠中,使南瓜每一面都蘸上面包糠(图 6-2-7 至图 6-2-11)。

图 6-2-7　南瓜饼下剂　　　　　图 6-2-8　南瓜饼成团

图 6-2-9　南瓜饼按模　　　图 6-2-10　南瓜饼成型　　　图 6-2-11　沾面包糠

（6）锅中放入适量的色拉油,油温 3 成热时,将南瓜饼放入炸锅中,中火将南瓜饼炸 2 分钟左右,炸至金黄色即可捞出,沥干油分(图 6-2-12)

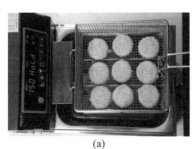
(a)

(b)

图 6-2-12　炸南瓜饼

操作步骤

Note

续表

制品成品	
品质特点	口感酥软甜糯、香味醇厚
操作重点难点	（1）粉料混合均匀后要过筛。 （2）加入澄面、红薯粉做出的南瓜糯而不粘牙。 （3）控制好油炸的时间和温度

练习与思考

一、练习

（一）选择题

南瓜饼应选用（　　）制作。

A. 黑麦粉　　　　　B. 糯米粉　　　　　C. 高筋面粉　　　　　D. 全麦粉

（二）判断题

（　　）1. 炸制时油量要足够，要使制品有充分的活动余地。

（　　）2. 炸制时，油质不清洁，不会影响成品的色泽，也不会危害人体健康。

二、课后思考

如何根据成品的特点确定合适的油温以及油炸时间？

任务三

地瓜饼

教学资源包

 明确实训任务

制作地瓜饼。

 实训任务导入

地瓜饼的由来

地瓜饼属于风味面点小吃,是将地瓜蒸熟后捣成泥状,与红糖、糯米粉拌匀,再根据个人喜好加入面粉、白糖、鸡蛋等制成面团,经油炸或煎制而成。其因营养丰富,食材简单,口感酥软甜糯,又具有乡土特色,是深受大众喜爱的传统名点。

古代文献记载,地瓜有补虚乏,益气力,健脾胃,强肾阴的功效,使人"长寿少疾"。地瓜还能补中、和血、暖胃、肥五脏等。地瓜具有热量低、饱腹感强、膳食纤维含量丰富等特点。近年来,随着大众对健康的重视,提倡健康饮食,地瓜饼成为大受欢迎的健康美食。

 实训任务目标

(1)了解地瓜饼的由来。

(2)熟悉地瓜饼的特点。

(3)掌握地瓜饼的制作工艺流程、操作要领,能够独立完成地瓜饼的制作任务。

(4)能做到遵守操作规程、严格规范操作和保持原料干净卫生。

 知识技能准备

一、地瓜

地瓜,又名番薯、红薯,原产于南美洲地区,后引入中国,成为我国主要的粮食作物之一。地瓜除作为主粮外,也是食品加工、淀粉和酒精制造工业的重要原料。地瓜还可入药。《本草求原》中记载:番薯可凉血活血,宽肠胃,通便秘,去宿瘀脏毒,舒筋络,止血热渴,产妇最宜。

海南省澄迈县西北部的桥头镇,被誉为海南的"富硒之乡"。该镇种植的沙土地瓜皮色红、甜度适中、口感粉糯、清香可口,品种主要有紫心的"山川紫"和黄心的"高系 14 号",深受广大百姓的喜爱。

二、澄面

澄面又称澄粉、汀粉、小麦淀粉,是一种无筋面粉,原料为小麦,可用来制作多种点心,如虾饺、粉果、肠粉、水晶饺、水晶饼等。将调制好的面团,用水漂洗过后,把面团中的面筋与其他物质

Note

分离出来,剩下的沉淀物再经过烘干处理即成为澄面。澄面的主要成分为小麦淀粉,因此它也具有淀粉的相关特性,吸水受热会膨胀糊化,可以用于增稠、勾芡,熟制后透明有光泽等。

 制作地瓜饼

实训产品	地瓜饼	实训地点	中餐面点实训室
工作岗位	中式面点师岗		
操作步骤	① **制作准备** (1) 所需工具:电磁炉 1 台、操作台 1 个、不锈钢盆 5 个、长柄硅胶刮刀 1 把、电子秤 1 个、糖粉筛 1 个、蒸锅 1 个、不粘煎锅 1 个、地瓜饼模具 1 个、沥油网(图 6-3-1)。 (2) 所需原辅料:黄心地瓜 500 g、白糖 100 g、糯米粉 100 g、澄面 50 g、吉士粉 30 g、炼奶 25 g、猪油 40 g(图 6-3-2)。		

图 6-3-1 工具

图 6-3-2 原辅料

② **工艺流程**

(1) 将糯米粉、澄面、吉士粉过筛(图 6-3-3)。

(2) 将黄心地瓜去皮后切成薄片,放入蒸锅用猛火蒸约 15 分钟,取出(图 6-3-4)。

(a)

(b)

图 6-3-3 过筛   图 6-3-4 蒸地瓜

(3) 将熟地瓜用长柄硅胶刮刀压烂,加入白糖拌匀并溶解,再趁热加入糯米粉及澄面拌匀,加入炼奶及猪油充分揉搓至顺滑(图 6-3-5 至图 6-3-8)。

图 6-3-5 熟地瓜压泥   图 6-3-6 趁热加糖

Note

续表

操作步骤

图 6-3-7　加入糯米粉、猪油、炼奶

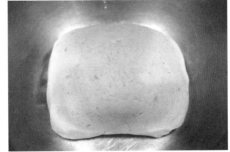

图 6-3-8　面团成型

（4）将揉好的面团分成 30 克/个的剂子，压入模具中取出，码放整齐（图 6-3-9 至图 6-3-12）。

（5）将生坯放入不粘煎锅中，用慢火煎至两边金黄色即可。也可以用油炸的方法，一般以 160 ℃的油温炸至色泽金黄、体积膨胀为原来的 1.5 倍即可捞出，沥干油分（图 6-3-13）

图 6-3-9　下剂

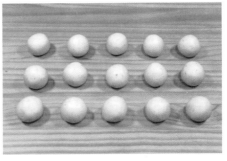

图 6-3-10　成团

图 6-3-11　压模

图 6-3-12　生坯

图 6-3-13　炸制

制品成品

续表

品质特点	色泽金黄、外形美观、花纹清晰、口感软糯 Q 弹,甜而不腻,外皮微微酥脆
操作重点难点	(1)原料选择应符合制品要求:地瓜应选择个大、粉糯香甜的为佳。 (2)原料搭配适当,揉均匀。 (3)成熟温度、时间把握得当

制订实训
任务工作
方案

工作流程
实施表

组织实训
评价

练习与思考

一、练习

(一)选择题

1. 炸地瓜饼的温度应该控制在（　　　）。

A. 70~80 ℃　　　　B. 100~120 ℃　　　　C. 160~190 ℃　　　　D. 220 ℃以上

2. 澄面是一种（　　），又称澄粉、小麦淀粉。

A. 低筋面粉　　　　B. 中筋面粉　　　　C. 高筋面粉　　　　D. 无筋面粉

(二)判断题

（　　）1. 蒸是利用蒸汽的热对流使生坯成熟的熟制工艺方法。

（　　）2. 蒸制时间需要根据蒸制对象的不同,进行调制。

二、课后思考

澄粉、淀粉、生粉的用途分别有哪些?

Note

华中科技大学出版社
http://press.hust.edu.cn